高职高专计算机教育规划教材

C 语言程序设计实例教程

潘志安　朱运乔　余小燕　主　编
冯　毅　沈小波　李　岚　副主编
袁　瑛　魏　华　沈　平　参　编

中国铁道出版社
CHINA RAILWAY PUBLISHING HOUSE

内 容 简 介

C 语言从诞生以来就显示了很强的生命力，不仅可以利用它编写应用软件，而且特别适合编写系统软件（如系统内核、驱动程序、嵌入式开发）。即使在.NET、Java 等高级语言流行的今天，C 语言作为训练学习者程序设计的基本思想也是大有裨益的。

本书内容共分 12 章：C 语言概论，数据类型、变量和常量，运算符和表达式，标准输入/输出，分支结构，循环结构，数组，函数，编译预处理，指针，结构体、共用体及枚举类型，文件 I/O。

本书是作者根据多年的教学经验编写而成，每一章均包括必须掌握的基本知识与技能、扩展知识与技能，特别适合根据学习者的实际状况进行分层、分级教学。

本书适合作为高职高专院校计算机类、电子信息类专业的教材或教学参考书，也可作为软件设计与开发人员的培训教材或自学参考书。

图书在版编目（CIP）数据

C 语言程序设计实例教程 / 潘志安，朱运乔，余小燕
主编. — 北京：中国铁道出版社，2012.7
高职高专计算机教育规划教材
ISBN 978-7-113-14622-1

Ⅰ．①C…　Ⅱ．①潘…　②朱…　③余…　Ⅲ．①
C 语言－程序设计－高等职业教育－教材　Ⅳ．①TP312

中国版本图书馆 CIP 数据核字（2012）第 087922 号

书　　名：C 语言程序设计实例教程
作　　者：潘志安　朱运乔　余小燕　主编

策　　划：翟玉峰	读者热线：400-668-0820
责任编辑：翟玉峰	
编辑助理：何　佳	
封面设计：付　巍	
封面制作：刘　颖	
责任印制：李　佳	

出版发行：中国铁道出版社（100054，北京市西城区右安门西街 8 号）
网　　址：http://www.51eds.com
印　　刷：中国铁道出版社印刷厂
版　　次：2012 年 7 月第 1 版　　2012 年 7 月第 1 次印刷
开　　本：787mm×1092mm　1/16　印张：16　字数：385 千
印　　数：1～3 000 册
书　　号：ISBN 978-7-113-14622-1
定　　价：30.00 元

版权所有　侵权必究

凡购买铁道版图书，如有印制质量问题，请与本社教材图书营销部联系调换。电话：(010) 63550836

打击盗版举报电话：(010) 63549504

前言

FOREWORD

在当今社会发展进程中，人才的生态平衡非常重要。特别是随着我国高等教育大众化时代的来临，高职高专学生的整体状况与以往有了很大的不同，对现代高职高专学生的教育，从教育理念、教学内容、教学方法等方面都需要进行变革，教材也需要变革。编者根据多年的教学经验，本着体系恰当、内容实用、难度合适、循序渐进、通俗易懂、便于理解的原则，编写了本书。

本书具有下列特点：

（1）体系恰当，适合分层分级教学。本书在内容架构上，包含"基本知识与技能"、"扩展知识与技能"，前者是基础，要求所有学生掌握；后者是提高，在基础知识和技能掌握较好的情况下深入学习。

（2）教学内容精练。本书根据高职高专学生的特点和课时安排，在内容齐全的情况下，对例题进行了合理精简，做到重点突出，易于理解。

（3）实用性强，较好地把握了应试与应用的关系。本课程的学习目的，主要是为后续的 C#、Java 语言的学习奠定基本编程思想，同时也将通过计算机二级（C 语言）等级考试作为目标之一，配备了适量的模拟习题和实例。学完本教材，将为后续 C#、Java 语言以及数据结构等课程的学习打下良好基础，而且具备通过全国计算机等级考试二级（C 语言）的能力。

（4）强调学习方法和策略。C 语言的学习，要能循序渐进地达到三个层次：一是要能顺利排除程序中的语法错误；二是要能看懂别人编写的程序，理解其编程思想和算法，以及如何实现算法，并能逐步学会排除程序中的逻辑错误；三是要能自己编写程序来解决实际问题，即具备分析问题和解决问题的能力。因此，本书在"典型案例"中，会给出算法（即编程思想），帮助学习者学会如何分析问题和解决问题，起到举一反三的作用。

全书共分 12 章：第 1 章是 C 语言概论，第 2 章介绍数据类型、变量和常量，第 3 章介绍运算符和表达式，第 4 章介绍标准输入/输出，第 5、6 章分别介绍分支结构和循环结构，第 7 章介绍数组，第 8 章介绍函数，第 9 章介绍编译预处理，第 10 章介绍指针，第 11 章主要介绍结构体、共用体及枚举类型，第 12 章介绍文件 I/O。

本书内容翔实，层次分明，结构紧凑，叙述深入浅出、通俗易懂，适合作为高职高专院校计算机类、电子信息类专业的教材或教学参考书，也可作为软件设计与开发人员的培训教材或自学参考书。每章后面均附有适量习题，既有利于学生巩固和提高所学知识，又方便 C 语言二级考试参考。

本书由潘志安、朱运乔、余小燕（江苏畜牧兽医职业技术学院）任主编，冯毅（天津商务职业学院）、沈小波、李岚任副主编，袁瑛、魏华、沈平参与了编写工作。在此向所有在本书编写和出版过程中提供了无私帮助的人士表示衷心感谢！

另外，由于编写时间仓促、编者水平有限，书中难免存在疏漏、不妥之处，恳请专家和广大读者批评指正，并多提宝贵意见。同时期待专家和读者能及时与编者联系，以便不断对本书进行修正和完善（E-mail: xgzypza@163.com）。

编　者
2012 年 5 月

目录

第 1 章　C 语言概论

本章目标

本章首先介绍了 C 语言的起源与发展，阐述了 C 语言的特点，然后重点介绍了 C 语言程序的结构组成和上机过程及相关知识。通过本章的学习，读者应重点掌握以下内容：

- C 语言基本结构。
- C 语言程序执行过程。
- C 语言程序的集成开发环境。

1.1　基本知识与技能

1.1.1　概述

1．C 语言的起源与发展

1972 年美国的 Dennis Ritchie 设计发明了 C 语言，并首次在 UNIX 操作系统的 DEC PDP–11 计算机上使用。它由早期的编程语言 BCPL（Basic Combined Programming Language）发展演变而来。在 1970 年，AT&T 贝尔实验室的 Ken Thompson 根据 BCPL 语言设计出较先进的并取名为 B 的语言，最后引导了 C 语言的问世。

随着微型计算机的日益普及，出现了许多 C 语言版本。由于没有统一的标准，使得这些 C 语言之间出现了一些不一致的地方。为了改变这种情况，美国国家标准学会（ANSI）为 C 语言制定了一套 ANSI 标准，成为现行的 C 语言标准。

早期的 C 语言主要用于 UNIX 系统。由于 C 语言的强大功能和各方面的优点逐渐为人们认识，到了 20 世纪 80 年代，C 语言开始应用于其他操作系统，并很快在各类大、中、小和微型计算机上得到广泛应用，成为当代最优秀的程序设计语言之一。

2．C 语言的特点

C 语言发展如此迅速，而且成为最受欢迎的语言之一，主要因为它具有强大的功能。归纳起来，C 语言具有下列特点：

（1）C 语言是中级语言。它把高级语言的基本结构和语句与低级语言的实用性结合起来，常被称为中级语言。C 语言可以像汇编语言一样对位、字节和地址进行操作，它也可以直接访问内存的物理地址，进行位（bit）一级的操作，还可实现对硬件的编程操作，因此 C 语言既可用于系统软件的开发，也适合于应用软件的开发。

（2）C 语言是结构式语言。C 语言是以函数形式提供给用户的，这些函数可方便地调用，并具有多种循环、条件语句控制程序流向，从而使程序完全结构化。按模块化方式组织程序，层次清晰，易于调试和维护。C语言的表现能力和处理能力极强。

（3）C语言功能齐全。C语言具有丰富的运算符和数据类型，便于实现各类复杂的数据结构，并引入了指针概念，可使程序效率更高。另外，C语言也具有强大的图形功能，支持多种显示器和驱动器，而且计算功能、逻辑判断功能也比较强大，可以实现决策目的。

（4）C语言适用范围大。C语言还有一个突出的优点就是适用于多种操作系统，如DOS、UNIX，也适用于多种机型，可广泛地移植到各类型计算机上，从而形成了多种版本的C语言。

总之，C语言简洁、紧凑、实用、方便、移植性好、执行效率高、处理能力强、结构化程度高，但对编程人员要求较高，较难掌握，不够安全。

3．C语言版本

目前最流行的C语言有以下几种：

（1）Microsoft C 或称 MS C。

（2）Borland Turbo C 或称 Turbo C。

（3）AT&T C。

这些C语言版本不仅实现了 ANSI C 标准，而且在此基础上各自作了一些扩充，使之更加方便、完美。

1.1.2　C语言源程序的基本结构

1．范例介绍

为了说明C语言源程序结构的特点，先看以下几个程序。这几个程序由简到难，体现了C语言源程序在组成结构上的特点。虽然有关内容还未介绍，但可从这些程序中了解到组成一个C源程序的基本部分。

【例1.1】显示指定的内容。

源程序：

```
void main()
{
    printf(" This  is  the  first  program \n");
}
```

程序说明：

（1）main()是主函数的函数名，表示这是一个主函数。每一个C源程序都必须有且只能有一个主函数（main()函数）。

void 表示 mian()函数无返回值（这一点将在第8章详细讲述）。

（2）printf()是C语言函数库提供的标准函数，该函数的功能是把要输出的内容送到显示器显示，可在程序中直接调用。

【例1.2】求输入数的正弦值。

源程序：

```
#include <math.h>    /*include 称为文件包含命令，也把扩展名为.h 的文件称为头文件*/
#include <stdio.h>
void main()                     /*定义主函数*/
{                               /*主函数开始*/
    double x,s;                 /*定义两个实数变量，以被后面程序使用*/
```

```
    printf("input number:\n");              /*显示提示信息*/
    scanf("%lf",&x);                         /*从键盘获得一个实数 x*/
    s=sin(x);                                /*求 x 的正弦，并把它赋给变量 s*/
    printf("sine of %lf is %lf\n",x,s);      /*显示程序运算结果*/
}                                            /*主函数结束*/
```

程序说明：

（1）在 void main()之前的两行称为预处理命令（详见后面）。这里的 include 称为文件包含命令，其意义是把尖括号<>内指定的文件包含到本程序中，成为本程序的一部分。被包含的文件通常是由系统提供的，其扩展名为.h，因此也称为头文件或首部文件。

（2）C 语言的头文件中包括了各个标准库函数的函数原型说明。在本例中，使用了三个库函数：输入函数 scanf()，正弦函数 sin()，输出函数 printf()。sin()函数是数学函数，其头文件为 math.h()，因此在程序的主函数前用 include 命令包含了 math.h。scanf()和 printf()是标准输入/输出函数，其头文件为 stdio.h，在主函数前也用 include 命令包含了 stdio.h。

（3）C 语言规定对 scanf()和 printf()这两个函数可以省去对其头文件的包含命令，所以在本例中可以删去第二行的包含命令#include。

（4）在例题的主函数体中又分为两部分，一部分为说明部分，另一部分为执行部分。说明是指变量的类型说明。C 语言规定，源程序中所有用到的变量都必须先说明，后使用，否则将会出错。说明部分是 C 源程序结构中很重要的组成部分。本例中使用了两个变量 x、s，用来表示输入的自变量和 sin()函数值。

（5）说明部分的后四行为执行部分或称为执行语句部分，用以完成程序的功能。

①　执行部分的第一行是输出语句，调用 printf()函数在显示器上输出提示字符串，要求操作人员输入自变量 x 的值。

②　第二行为输入语句，调用 scanf()函数，接收键盘上输入的数并存入变量 x 中。

③　第三行是调用 sin()函数，并把函数值送到变量 s 中。

④　第四行是用 printf()函数，输出变量 s 的值，即 x 的正弦值。

（6）语句 printf("sine of %lf is %lf\n",x,s);其中%lf 为格式字符，表示按双精度浮点数处理。它在格式串中出现两次，对应 x 和 s 两个变量。其余字符为非格式字符，则照原样输出在屏幕上。

2．C 语言程序结构特点

一个完整的 C 语言程序应符合以下几点：

（1）C 语言程序是以函数为基本单位，整个程序由函数组成。一个较完整的程序大致由包含文件（一组#include　<*.h>语句）、用户函数说明部分、全程变量定义、主函数和若干子函数组成。在主函数和子函数中又包括局部变量定义、程序体等，其中主函数是一个特殊的函数，一个完整的 C 程序至少要有一个且仅有一个主函数，它是程序启动时的唯一入口。除主函数外，C 程序还可包含若干其他 C 标准库函数和用户自定义的函数。这种函数结构的特点使 C 语言便于实现模块化的程序结构。

（2）函数是由函数说明和函数体两部分组成。函数说明部分包括对函数名、函数类型、形式参数等的定义和说明；函数体包括对变量的定义和执行程序两部分，由一系列语句和注释组成。整个函数体由一对花括号括起来。

（3）语句是由一些基本字符和定义符按照 C 语言的语法规定组成的，每个语句以分号结束。

（4）C 程序的书写格式比较自由。一个语句可写在一行上，也可分写在多行内。一行内可以写一个语句，也可写多个语句。注释内容可以单独写在一行，也可以写在 C 语句的右面。

（5）一个 C 语言源程序可以由一个或多个源文件组成。

（6）一个源程序不论由多少个文件组成，都有一个且只能有一个 main() 函数，即主函数。

（7）注释部分包含在"/*"和"*/"之间，在编译时它被 Turbo C 编译器忽略。

注意初学者易犯错误：

（1）遗漏分号：printf() 等后忘记加";"。

（2）遗漏花括号或者多用花括号：花括号总是成对出现的。

（3）忘记使用&号：输入时指明地址要加上此符号。

3．书写程序时应遵循的规则

从书写清晰，便于阅读、理解、维护的角度出发，在书写程序时应遵循以下规则：

（1）一个说明或一个语句占一行。

（2）用{} 括起来的部分通常表示程序的某一层次结构。

（3）低一层次的语句或说明应缩进若干格后书写，使阅读更加清晰，增加程序的可读性。

在编程时应力求遵循这些规则，以养成良好的编程风格。

4．C 语言程序的成分

C 语言程序是由语句组成的，而语句是由词汇构成的，每个词汇由字符构成，即：字符→词汇→语句→C 语言程序。

（1）C 语言的字符集。字符是组成语言的最基本的元素。C 语言字符集由字母、数字、空格、标点和特殊字符组成。在字符常量、字符串常量和注释中还可以使用汉字或其他可表示的图形符号。

（2）C 语言词汇。在 C 语言中使用的词汇分为以下几类：标识符、关键字、运算符、分隔符、常量、注释符等。

① 标识符：在程序中使用的变量名、函数名、标号等统称为标识符。除库函数的函数名由系统定义外，其余都由用户自定义。C 语言规定，标识符只能是由字母（A～Z，a～z）、数字（0～9）、下画线组成的字符串，并且第一个字符必须是字母或下画线。

② 关键字：关键字是由 C 语言规定的具有特定意义的字符串。用户定义的标识符不应与关键字相同。C 语言的关键字分为以下几类：

● 类型说明符。用于定义、说明变量、函数或其他数据结构的类型，如前面例题中用到的 int、double 等。

● 语句定义符。用于表示一个语句的功能。if else 就是条件语句的语句定义符。

● 预处理命令字。用于表示一个预处理命令，如前面各例中用到的 include。

③ 运算符：C 语言中含有相当丰富的运算符。运算符、变量与函数一起组成表达式，表示各种运算功能。运算符由一个或多个字符组成。

④ 分隔符：在 C 语言中采用的分隔符有逗号和空格两种。逗号主要用于类型说明和函数参数表中，分隔各个变量。空格多用于语句各单词之间，作间隔符。在关键字、标识符之间必须要有一个以上的空格符作间隔，否则将会出现语法错误，例如把 int a;写成 inta;，C 编译器会把 inta 当成一个标识符处理，其结果必然出错。

⑤ 常量：C 语言中使用的常量可分为字面常量、符号常量。

⑥ 注释符：C 语言的注释符是以"/*"开头并以"*/"结尾的串。在"/*"和"*/"之间

的即为注释。编译程序时，不对注释作任何处理。注释可出现在程序中的任何位置，用来向用户提示或解释程序的意义。在调试程序中对暂不使用的语句也可用注释符括起来，使编译跳过不作处理，待调试结束后再去掉注释符。

（3）程序语句。C 程序是由若干条语句组成，语句是程序的基本书写单位和执行单位。其语句可分为以下五种：表达式语句、声明语句、空语句、复合语句及流程控制语句。

1.1.3　C 语言程序的执行过程

1．源程序、目标程序、可执行程序的概念

程序：为了使计算机能按照人们的意志工作，就要根据问题的要求编写相应的程序。程序是一组计算机可以识别和执行的指令，每一条指令使计算机执行特定的操作。

源程序：程序可以用高级语言或汇编语言编写，用高级语言或汇编语言编写的程序称为源程序。C 语言源程序的扩展名为 ".c"。源程序不能直接在计算机上执行，需要用编译程序将源程序翻译为二进制形式的代码。

目标程序：源程序经过编译程序翻译所得到的二进制代码称为目标程序。目标程序的扩展名为 ".obj"。目标代码尽管已经是机器指令，但是还不能运行，因为目标程序还没有解决函数调用问题，需要将各个目标程序与库函数连接，才能形成完整的可执行程序。

可执行程序：目标程序与库函数连接，形成完整的可在操作系统下独立执行的程序称为可执行程序。可执行程序的扩展名为 ".exe"（在 DOS/Windows 环境下）。

2．C 语言程序的上机步骤

输入与编辑源程序→编译源程序→产生目标代码→连接各个目标代码、库函数→产生可执行程序→运行程序，如图 1-1 所示。

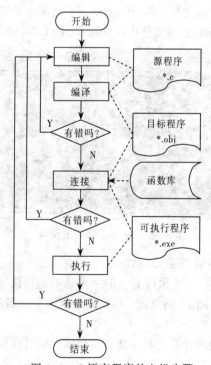

图 1-1　C 语言程序的上机步骤

1.1.4 Turbo C 2.0 语言集成开发环境

针对不同的平台有相应的集成开发环境：Turbo C 作为在 DOS 和 Windows 上学习 C 语言的常用开发工具，适用于初学者；Visual Studio 中 Visual C++ 是以 Windows 平台开发的一个主流的可视化 C 语言开发环境，现在已经升级到.NET 版本；GCC 是 UNIX 平台上主要使用的 C 语言开发工具，嵌入式系统的开发常用 GCC 的交叉编译器来完成。本书主要以 Turbo C 2.0 集成开发环境来作为 C 语言开发工具。

1．Turbo C 2.0 简介和启动

Turbo C 是美国 Borland 公司的产品，Borland 公司是一家专门从事软件开发、研制的公司。该公司相继推出了一套 Turbo 系列软件，如 Turbo BASIC、Turbo Pascal、Turbo Prolog 等，这些软件很受用户欢迎。该公司在 1987 年首次推出 TurboC 1.0 产品，其中使用了全然一新的集成开发环境，即使用一系列下拉式菜单，将文本编辑、程序编译、连接以及程序运行一体化，大大方便了程序的开发。1988 年，Borland 公司又推出 Turbo C 1.5 版本，增加了图形库和文本窗口函数库等，而 Turbo C 2.0 则是该公司 1989 年出版的。Turbo C 2.0 在原来集成开发环境的基础上增加了查错功能，并可以在 Tiny 模式下直接生成.com（数据、代码、堆栈处在同一 64 KB 内存中）文件，还可对数学协处理器（支持 8087/80287/80387 等）进行仿真。

Borland 公司后来又推出了面向对象的程序软件包 Turbo C++，它继承发展 Turbo C 2.0 的集成开发环境，并包含了面向对象的基本思想和设计方法。

Turbo C 2.0 是 DOS 操作系统支持下的软件，在 Windows 环境下，可以在 DOS 窗口下运行。

假定在 D 盘的 TC 子目录下安装 Turbo C 2.0 系统，在 TC 下的 LIB 子目录中存放库文件，在 ITC 下的 NCLUDE 子目录中存放所有头文件。

在 Windows 环境下，也可以选择"运行"命令，然后输入 d:\tc\tc 即可，也可以在 tc 文件夹找到 tc.exe 文件，然后用鼠标双击该文件也可进入 Turbo C 2.0 集成开发环境，如图 1-2 所示。

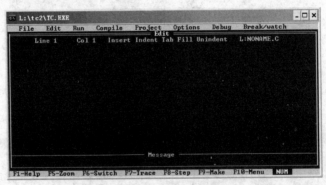

图 1-2　Turbo C 2.0 主窗口

2．Turbo C 集成开发环境的常见操作

（1）菜单的使用（选中、打开或执行）：Alt+菜单选项的快捷字母激活某菜单，利用方向键进行菜单项的选择，也可按【F10】功能键，移动方向键选中所需项目。选中项目后按【Enter】键即可打开或执行该项目。

（2）源程序的输入、修改和保存：利用功能键和编辑键对源程序进行编辑，利用【F2】键和相应的菜单项来保存文件。

（3）程序编译并执行：【Ctrl + F9】组合键。

（4）程序执行结果查看：【Alt + F5】组合键。

（5）退出 TC 开发环境：【Alt +X】组合键。

3．开发由单一文件构成的 C 程序

以例 1.1 的源程序为例来展示一般 C 语言程序，要经过编辑源程序文件（.c）、编译生成目标文件（.obj）、连接生成可执行文件（.exe）和执行四个步骤。

进入 Turbo C 主窗口后，按【F3】键，即可在随之出现的框中输入文件名，文件名可以带".c"，也可以不带（此时系统会自动加上）。输入文件名后，按【Enter】键，即可将文件调入，如果文件不存在，就建立一个新文件（也可用下面例子中的方法输入文件名）。系统随之进入编辑状态，就可以输入或修改源程序了，源程序输入或修改完毕以后，按【Ctrl+F9】组合键，则立即进行编译、连接和执行，这三项工作是连续完成的。具体的操作步骤如下：

（1）启动 Turbo C。双击执行 TC.EXE 文件，使系统进入 Turbo C 集成开发环境（见图 1-2），并建立一个名为 fg.c 的文件。这时，系统进入 Turbo C 编辑环境。

（2）处理前初始化。设定用户文件的存放目录：依次执行主菜单 File 和其对应的 Change dir 子菜单，然后在子目录提示框中输入用户文件的存放目录，如 D:\USER。

设定编译连接和可执行文件的目录（用户的.obj 和.exe 文件的位置）：依次执行主菜单 Options 选项和其对应的 Directories 子菜单，然后在 Output directory 选项中输入输出文件的存放目录，如 D:\USER。此时这些文件被放在当前目录。

说明标准包含文件的目录（INCLUDE 的位置）：依次执行主菜单 Options 选项和其对应的 Directories 子菜单，然后在 Include directories 选项中输入标准包含文件的存放目录，如 D:\TC\INCLUDE。

说明运行库文件的目录（LIB 的位置）：依次执行主菜单 Options 选项和其对应的 Directories 子菜单，然后在 Library directories 选项中输入库文件的存放目录，如 D:\TC\LIB。

说明 Turbo C 文件的目录（Turbo C 系统的位置）：依次执行主菜单 Options 选项和其对应的 Directories 子菜单，然后在 Turbo C directory 选项中输入 Turbo C 文件（配置文件.TC）和帮助文件（TCHELP.TCH）的所在目录，如 D:\TC。

初始化是可选操作，一般在第一次编程时进行。前两项初始化根据用户的需要可随意指定路径，但要求对该路径要有读/写权限，后三项初始化是根据 Turbo C 所安装的位置所作的说明，所以对某一系统而言它们的值是一定的。

（3）通过键盘输入程序。

```
void main()
{
    printf(" This  is  the  first  program \n");
}
```

则该程序进入计算机存储器。

（4）程序存盘。为防止意外事故丢失程序，最好将输入的程序存储到磁盘中。在编辑窗口下，可直接按【F2】键或按【F10】键，再按【F】键进入 File 菜单，最后按【S】或【W】键将文件存盘。存盘时屏幕最底行会显示：

```
saving edit file
```

（5）编译一个程序。对源程序进行编译有两种方法：直接按【Alt+F9】组合键即可；按【F10】

键返回主菜单，选择 Compile 命令，屏幕显示 Compile 下拉菜单，从下拉菜单中选择 Compile to .OBJ 命令，按【Enter】键。

进入编译状态后，屏幕会出现一个编译窗口，几秒钟后屏幕显示一闪烁信息：

Success: press any key

表示编译成功。此时可按任意键，编译窗口消失，光标返回主菜单。

如果编译时产生警告 Warning 或出错 Error 信息，这些具体错误信息会显示在屏幕下部的信息窗中，必须纠正这些错误。对源程序进行修改，重新进行编译。

（6）运行程序。源程序经编译无误后，可以投入运行。具体操作如下：

① 如果当前还在编辑状态，可按【Alt+R】组合键，再选择 RUN 命令即可。

② 按【Ctrl+F9】组合键。

程序投入运行时，屏幕会出现一个连接窗口，显示 Turbo C 正在连接和程序所需的库函数。按【Alt+F5】组合键查看，此时屏幕被清除，在顶部显示 "This is the first program" 字样。再按任意键，即可回到 TC 主屏幕。

4．开发运行由多文件构成的 C 程序

程序由 master.c 文件和 max.c 文件组成，主函数放在 master.c 文件中，另一函数放在 max.c 文件中，且主函数所在文件中没有包含另一函数所在的文件。

【例 1.3】由多文件构成的 C 程序。

```
/*master.c*/
int max(int a,int b);              /*函数说明*/
void main()                        /*主函数*/
{
    int x,y,z;                     /*变量说明*/
    printf("input two numbers:\n");
    scanf("%d%d",&x,&y);           /*输入 x,y 值*/
    z=max(x,y);                    /*调用 max()函数*/
    printf("maxmum=%d",z);         /*输出*/
}
/*max.c*/
int max(int a,int b )              /*定义 max()函数*/
{
    if(a>b) return a;
    else return b;                 /*把结果返回主调函数*/
}
```

（1）启动 Turbo C。

（2）输入每个源文件 master.c 和 max.c。

（3）构造 Project 文件。

在编辑状态下，输入以下内容：

D:\USER\master.c

D:\USER\max.c

（4）选择需编译、连接的.PRJ 文件。

选择 Project 主菜单下的 Project name 命令，输入 Project 文件名（如 mypro.prj）。

（5）编译、连接并运行程序，与单个文件的方法相同。

1.2　知识与技能扩展

1.2.1　在 Visual C++ 6.0 开发环境下运行 C 程序

Visual C++ 6.0 是 Microsoft 公司推出的使用非常广泛的可视化编程环境，主要用以编写 Windows 窗口应用程序。它提供了强大的开发能力。无论是简单的 Windows 程序、绘图程序，还是最新的 Internet 应用程序、复杂的 ODBC 数据库应用程序以及 AutoCAD 应用开发程序，Visual C++ 6.0 都能轻松地胜任。本节将利用 Visual C++ 6.0 开发一些小的 C 程序。

在 Visual C++ 6.0 运行 C 程序的步骤如下：

（1）启动 Visual C++ 6.0：在 Windows 系统下选择"开始"→"程序"→Microsoft Visual Studio 6.0→Microsoft Visual C++ 6.0 命令。打开 Microsoft Visual C++ 6.0 主窗口，如图 1-3 所示。

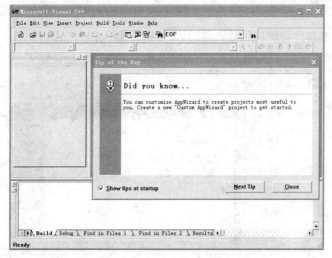

图 1-3　打开 Visual C++ 6.0 主窗口

（2）在图 1-3 中单击 Close 按钮。

（3）选择菜单栏中的 File→New 命令，弹出如图 1-4 所示的对话框。

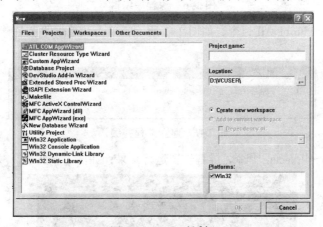

图 1-4　New 对话框

（4）单击 Files 选项卡，选择 C++ Source File 选项，如图 1-5 所示，单击 OK 按钮。

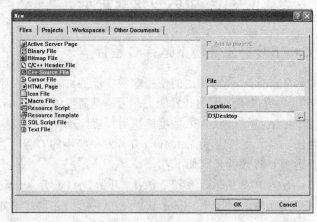

图 1-5　新建 C++ Source File

（5）在出现的源程序编辑区，输入源程序，如图 1-6 所示。

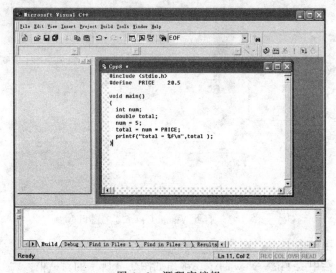

图 1-6　源程序编辑

（6）选择 Build→Build All 命令，如图 1-7 所示，单击"是(Y)"按钮建立工程，按照提示进行操作。

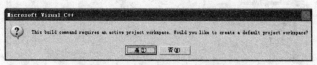

图 1-7　建立工程并编译

（7）选择 Build→!Execute 命令，屏幕出现运行结果，如图 1-8 所示。

图 1-8　执行程序

1.2.2　算法及其表示

1. 算法的概念、特性和优劣

一个计算机程序包括四个方面的内容：

（1）算法（Algorithm）：对操作的描述，即操作步骤。

（2）数据结构（Data Structure）：对数据的类型和数据的组织形式的描述。

（3）程序设计方法。

（4）语言工具环境。

其中算法是灵魂，数据结构是加工对象，语言是工具，编程要采用合适的方法。

算法的概念：算法是指解题方案准确而完整的描述，是一系列解决问题的清晰指令。算法可以理解为由基本运算及规定的运算顺序所构成的完整的解题步骤。或者看成按照要求设计好的，有限确切计算序列，并且这样的步骤和序列可以解决一类问题。

【例 1.4】简单算法举例：求 1+2+3+4+5+6。

可以用最原始的方法进行：

步骤 1：先求 1+2，得到结果 3。

步骤 2：将步骤 1 的结果 3 再加上 3，得到 6。

步骤 3：将步骤 2 的结果 6 再加上 4，得到 10。

步骤 4：将步骤 3 的结果 10 再加上 5，得到 15。

步骤 5：将步骤 4 的结果 15 再加上 6，得到 21。

这样的算法虽然是正确的，但是太烦琐。如果要计算 1+2+3+⋯+1 000，则要写 999 个步骤，显然是不可取的。因此，应当找到一种通用的表示方法。

可以设两个变量 i 和 sum，变量 i 代表加数，变量 sum 代表和，将算法改为（S1、S2⋯代表步骤 1、步骤 2⋯）：

S1：使 i=1；

S2：使 sum=0；

S3：将 i 与 sum 相加，结果仍放在 sum 中，可表示为 sum+i→sum；

S4：使 i 的值增加 1，既 i+1→i；

S5：若果 i≤6，就返回执行步骤 S3 及其后的 S4 和 S5；否则，算法结束。最后得到结果 21。

如果将题目改为 1+2+3+⋯+1 000，算法只需做很少的改动即可：

S1：使 i=1；

S2：使 sum=0；

S3：将 i 与 sum 相加，结果仍放在 sum 中，可表示为 sum+i→sum；

S4：使 i 的值增加 1，既 i+1→i；

S5：若果 i≤1 000，就返回执行步骤 S3 及其后的 S4 和 S5；否则，算法结束。

可以看出，用这种方法表示的算法具有通用性、灵活性。

算法的特性：一个算法应该具有以下七个重要的特征。

（1）有穷性（Finiteness）：指算法必须能在执行有限个步骤之后终止。

（2）确切性（Definiteness）：算法的每一步骤必须有确切的定义。

（3）输入项（Input）：有 0 个或多个输入，以刻画运算对象的初始情况。

（4）输出项（Output）：有 1 个或多个输出，以反映对输入数据加工后的结果。

（5）可行性（Effectiveness）：算法中执行的任何计算步都是可以被分解为基本的可执行操

作步，即每个计算步都可以在有限时间内完成（也称之为有效性）。

（6）高效性（High Efficiency）：执行速度快，占用资源少。

（7）健壮性（Robustness）：对数据响应正确。

算法的优劣：一个算法的优劣可以用空间复杂度与时间复杂度来衡量。

（1）时间复杂度（Time Complexity）：指执行算法所需要的时间。一般来说，计算机算法是问题规模 n 的函数 $f(n)$，算法的时间复杂度也因此记做 $T_n=O(f(n))$。

因此，问题的规模 n 越大，算法执行的时间增长率与 $f(n)$ 的增长率正相关，称做渐进时间复杂度（Asymptotic Time Complexity）。

（2）空间复杂度（Space Complexity）：指算法需要消耗的内存空间。其计算和表示方法与时间复杂度类似，一般都用复杂度的渐近性来表示。

2．算法的表示

描述算法的方法有多种，常用的有自然语言、传统流程图、结构化流程图、伪代码和 PAD 图等。由于篇幅关系，本书只介绍流程图。

流程图是以特定的图形符号加上说明，来表示算法的框图。

美国国家标准学会（American National Standard Institute，ANSI）规定了一些常用的流程图符号（见图 1–9），已被普遍采用。

【例 1.5】将例 1.4 的算法用流程图表示，如图 1–10 所示。

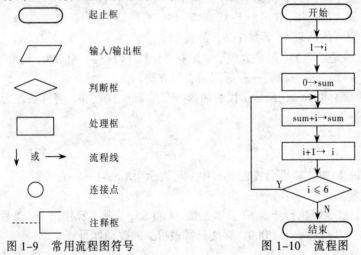

图 1–9　常用流程图符号　　　　　图 1–10　流程图

小　　结

1．C 语言程序的结构特点

（1）一个 C 语言源程序可以由一个或多个源文件组成。

（2）每个源文件可由一个或多个函数组成。

（3）一个源程序不论由多少个文件组成，都有一个且只能有一个 main() 函数，即主函数。

（4）源程序中可以有预处理命令（include 命令仅为其中的一种），预处理命令通常应放在源文件或源程序的最前面。

（5）每一个说明，每一个语句都必须以分号结尾。但预处理命令、函数头和花括号"}"之后不能加分号。

2．C 语言程序的上机步骤

编辑源程序→编译生成目标程序→连接目标和库并生成命令程序→执行命令。

3．开发环境

本书以 Turbo C 2.0 集成开发环境来作为 C 语言开发工具。Turbo C 作为在 DOS 和 Windows 上学习 C 语言的常用开发工具，适合初学者使用。

4．算法与流程图

算法是解题方案的准确而完整的描述，是一系列解决问题的清晰指令。

流程图是以特定的图形符号加上说明，来表示算法的框图。

习　题

一、选择题

1．以下（　　）不是 C 语言的特点。

　　A．语言的表达能力强　　B．语法定义严格　　　　C．数据结构系统化　　D．控制流程结构化

2．C 编译系统提供了对 C 程序的编辑、编译、连接和运行环境，以下可以不在该环境下进行的是（　　）。

　　A．编辑和编译　　　　　　B．编译和连接　　　　　　C．连接和运行　　　　　　D．编辑和运行

3．以下（　　）不是二进制代码文件。

　　A．标准库文件　　　　　　B．目标文件　　　　　　　C．源程序文件　　　　　　D．可执行文件

4．下面描述中，正确的是（　　）。

　　A．主函数中的花括号必须有，而子函数中的花括号是可有可无的

　　B．一个 C 程序行只能写一个语句

　　C．主函数是程序启动时唯一的入口

　　D．函数体包含了函数说明部分

二、填空题

1．函数体以符号_____开始，以符号_____结束。

2．一个完整的 C 程序至少要有一个_____函数。

3．标准库函数不是 C 语言本身的组成部分，它是由_____提供的功能函数。

4．C 程序是以_____为基本单位，整个程序由_____组成。

5．C 源程序文件的扩展名是_____，C 目标文件的扩展名是_____。

6．程序连接过程是将目标程序、_____或其他目标程序连接装配成可执行文件。

7．因为源程序是_____类型的文件，所以它可以用具有文本编辑功能的任何编辑程序完成编辑。

三、编程题

仿照例 1.1 编写一程序，当程序运行时在屏幕上输出以下内容：

```
*****************************************
*            Hello，world!              *
*****************************************
```

第2章 数据类型、变量和常量

本章目标

本章主要介绍了 C 程序的数据及其数据类型的划分，并着重介绍了常量和变量在程序中的使用方法，整型、实型、字符型数据的数据表示及用法。通过本章的学习，读者应该掌握以下内容：

- 数据及其类型。
- 常量和变量。
- 整型、实型和字符型数据定义及使用。

2.1 引 例 分 析

已知某商品的单价和数量，编写一程序，计算并输出商品的总价。

源程序：

```
#define  PRICE 20.5
void main()
{
    int num;
    double total;
    num=5;
    total=num*PRICE;
    printf("total=%f\n",total);
}
```

运行结果为：

```
total=102.500000
```

分析与说明：

（1）本例展示了程序中数据使用方式及不同类型数据的声明格式。

（2）程序中出现的 5、PRICE、20.5 称之为常量，一般以确定的常数形式出现，是一个确定的量。

（3）在程序中出现的 num、total 称之为变量，该符号称为变量名，其值取决于给它传送并保存的值。

（4）第一行语句# define PRICE 20.5 是一条宏定义（在后面章节详细介绍），此处的作用是将常量 20.5 定义为一个标识符号 PRICE，在这里 PRICE 又称为符号常量（注意：外观上符号常量像变量，请注意区分）。

（5）第四、五行语句 int num; double total;中，int 为整型数据类型说明符，用以说明变量 num 是整型数据；double 为双精度实型数据的类型说明符，用以说明变量 total 是实型数据。利用类型说明符对程序中出现的变量进行说明和定义在 C 程序中是必不可少的。

（6）第六行语句 num=5;的作用是将常量 5 传送给变量 num 保存起来，这个过程称为给变量赋值，至此变量 num 的值为 5。

（7）接下来的一条语句是得到变量 num 和常量 PRICE 两者的值并使之相乘，将得到的结果传送（赋值）给 total 保存起来。

最后，通过 printf()函数将 total 的值在显示器上显示出来，其中用%f 来指明要输出值的变量 total 的数据类型为实型。

以上程序展示了不同类型的常量和变量等数据的基本使用，下面对其相关知识作进一步的学习。

2.2 基本知识与技能

2.2.1 数据类型

数据有不同类型，即通常所说的数据类型，不同的数据类型决定数据的运算范围、处理方式和存储表示方式。如表示数量的数据就可以做算术运算；而表示名称类的数据一般就只做比较、检索等操作运算。

如本章引例中的 num 变量为整型数据，total 变量为实型数据。它们的存储和处理方式是不一样的。

C 语言中，可将数据大致分为如图 2-1 所示的几个类别。

其中，基本类型可认为是不可再分割的类型；构造类型是由基本类型组成的更为复杂的类型；指针是一种特殊的，同时又是具有重要作用的数据类型。其值用来表示某个量在内存储器中的地址；空类型用于对指针数据进行说明和函数及其参数的说明。

本章主要介绍基本数据类型中的整型、实型和字符型。

2.2.2 常量及变量

C 语言程序中，数据一般以常量或变量来体现，程序需对大量的常量或变量进行数据处理和计算。

1. 常量

在程序运行过程中，其值不发生改变的量称为常量。常量数据的类型一般为基本类型中的一种，如：

整型常量：3，0，−1

实型常量：1.2，−2.345

字符常量：'a'，'1'

从使用形式上看，常量包括字面常量和符号常量。

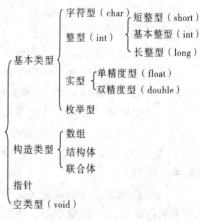

图 2-1 数据类别

（1）字面常量。直接以数据值表示的常量，称字面常量或直接常量。如上面所举例均属于字面常量。

（2）符号常量。以标识符号（以下简称标识符）表示的常量称为符号常量。符号常量在使用之前需通过#define命令定义。如：

```
#define PI 3.14159
```

则定义了一个符号常量PI，定义点后，PI将一直代表值3.14159。还有引例中的PRICE也是一个符号常量，它对应的就是常量值20.5。在必要时引入符号常量有以下好处：

① 增强了程序可读性。比如在程序中用PI表示圆周率就要比直接用3.14159容易懂，用符号常量比直接用字面常量更能看出编程者的意图。

② 便于程序的修改和维护。比如，对于本章引例，如果单价PRICE发生了调整，则只需修改宏定义#define处PRICE对应的常量值，程序中所有用到的PRICE都将变为新值。

2. 变量

在程序运行过程中其值会发生变化的量，称为变量。或称变量是用来保存常量的量，实质是对应内存中的一个存储单元。

本章引例中，num、total即为变量。经过num=5;和total=num*20.5;两条传送数据的语句后，这两个变量依次保存5和102.5，即变量值分别为5和102.5。对应在内存中的存储方式如图2-2所示。

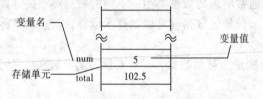

图2-2　变量在内存中的存储方式

（1）变量名。在程序中给变量起的名称就称为变量名，通过变量名来引用保存于其中的常量值。

如引例当中，一旦num保存5，则在此之后引用num即引用其值5。表达式num*20.5表示引用num的值5乘以20.5。

在本质上是通过变量名找到跟变量相对应的存储单元，从而引用存储于其中的值，当然这是计算机系统根据程序意图所作的具体操作，不需要用户考虑。

变量的命名需使用C语言中的合法标识符。

一般，给变量、函数、数组等命名的命名原则：

① 合法标识符，不能跟关键字同名。

② 应"见名知义"，即尽量反映变量的实际意义。如变量名name或xm，很容易判断它可能就表示姓名。

（2）变量的数据类型及定义。不同类型的变量，其保存值具有相应类型，同时，其对应在内存中的存储格式、存储空间、取值范围也各不相同。

变量的类型根据需要可预定义为图2-1中所列举的任何一种类型。变量一旦定义为某类型，系统将按指定类型给变量分配相应大小的存储空间。所以，变量的使用应遵循"先定义，后使用"的原则。

定义变量主要是指预先指明该变量的变量名和变量的数据类型及存储类型。

定义格式：数据类型名　变量名列表；

　　其中，变量名列表是指可用相同的类型名同时定义多个变量，列表中的多个变量需要用逗号分开。

　　如本章引例中，int sum;利用整型说明符 int 说明了整型变量 sum。

　　继续请看下面定义变量的例子：

```
int  a,b,c;        /*定义三个整型变量 a、b、c*/
float  f;          /*定义一个实型（浮点型）变量 f*/
char  c1,c2;       /*定义两个字符型变量 c1、c2*/
```

　　（3）变量赋值。赋值是将数据值传送给变量保存。C 语言中赋值是通过赋值运算符进行的。

　　变量赋值格式：变量=表达式

　　作用：将赋值运算符右边表达式的值传送左边的变量。

```
sum=5;
f=1.2;
total=num * PRICE;
```

　　有关运算符和表达式知识将在下章详细介绍。

　　变量的值总是最近一次被赋予的值，以前的值改写（覆盖），并且根据需要可反复赋值。因此称变量是在程序运行过程中其值可以发生改变的量。

3．数据的输出

　　数据输出是指如何将数据在输出设备上显示出来。关于数据输出将第 4 章详细介绍。这里只是简单说明其中一个输出函数 printf 的使用。

　　引例中有：

```
printf("total = %f",total);
```

　　在这条函数调用语句中，引号部分是要输出的内容，其中，total= 被原样输出，%f 为转换说明符，跟逗号之后的输出项 total 对应，用来说明输出项 total 为实型，将其值转化为输出字符串的一部分并输出，如图 2-3 所示。

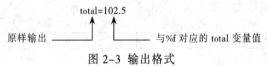

图 2-3　输出格式

【例 2.1】变量数据的使用。

源程序：

```
void main()
{
    char  c;
    float  f;
    c='A';
    f=1.5;
    printf("f=%f, c=%c\n",f,c);
}
```

运行结果：

f=1.5, c=A

其中，有两个转换说明符，则对应了两个输出项：f，c。

%f 为浮点型转换说明符；

%c 为字符型转换说明符。

2.2.3 整型数据

1. 整型常量

即表示整数的常量，C语言对整数有三种表示形式：

（1）十进制形式：如 123，0，-1。

（2）八进制形式，以数字 0 打头：如 012，03，0。

（3）十六进制形式，以 0x 打头：如 0x12，0xff。

【例2.2】说明下面各整型常数的表示中，哪些是错误的，为什么？

01　　10　　018　　ox11　　18　　o77　　0xff

根据整型常量的三种基本表示形式，正确的有：01（八进制形式），10 和 18（十进制形式），0xff（十六进制形式）；错误的有：018（错误的八进制表式，八进制中无基数"8"），ox11（错误的十六进制，o 改成 0），o77（错误的八进制形式，o 改成 0）。

2. 整型变量

用来保存整数的变量为整型变量。一般用类型说明符 int 定义和说明整型变量。

如：int sum , total ;

或写成：int sum ;

　　　　　int total ;

（如果要同时定义两个整型变量，一般写成第一种格式）。

（1）整型数据在内存中的存放形式。

一般微机（IBM PC）为 int 整型变量分配 2 B（即 2 字节，共 16 位）的内存单元，并按二进制整型存储方式存放数据。如：

```
int  k ;
k=12;
```

则 k 在内存中的存储形式如图 2-4 所示。

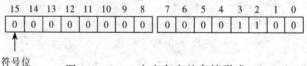

图 2-4　k=12 在内存中的存储形式

因 12 对应的二进制数为 1100，故保存到 2 B 的存储单元中时，高位全部补零。

在以上保存整型值的 2 B 中，高字节的最高位（15 位）表示符号位，为零代表正数，为 1 代表负数。

那么，当 k 保存-12 时，是不是该如图 2-5 所示保存呢？

```
15 14 13 12 11 10 9  8    7  6  5  4  3  2  1  0
 1  0  0  0  0  0  0  0    0  0  0  0  1  1  0  0
```
符号位

图 2-5　k=-12 在内存中的存储形式

回答是否定的，事实上在绝大多数计算机中，整数是用补码形式存放的。

对于正数和零，其补码最高位用零表示，其余各位跟对应二进制数一致，如图 2-4 所示。

对于负数，其补码则可按下述方法转换得到：

第一步，先得到对应正数的补码形式。

第二步，在对应正数的补码形式基础上，从最右边一位开始，向左边扫描直到有 1 的一位为止（包含有 1 的这一位），各位不变，然后继续向左连同符号位按位取反，得到的代码便是该负数的补码。以–12 为例：

第一步，得到 12 的补码形式：

00000000 00001100

第二步，最右边 100 不变，其余各位按位取反，最后得到–12 补码：

11111111 11110100

可以看到，这时最高位符号位正好还是为 1（代表负数）。

【例 2.3】请写出下列各数在计算机中的 16 位补码形式。

① 1；② 0；③ –1；④ 32 767；⑤ –32 767。

① 1 是正数，对应的补码形式为：00000000 00000001。

② 0 对应的补码为：00000000 00000000。

③ –1 是负数，根据负数补码的转换规则：

第一步，先得到 1 的补码形式：00000000 00000001。

第二步，最右边的 1 不变，向左各位按位取反：11111111 11111111。

④ 32 767 为正数，先得到二进制形式（32767）$_2$ = 1111111 11111111；

则对应补码为：01111111 11111111。

⑤ –32 767 为负数，则按负数补码的转换规则：

第一步，先得 32 767 的补码形式：01111111 1111111；

第二步，从右向左到第一个 1 的所有位不变，其余各位按位取反：10000000 00000001。

注意：根据补码知识，-32 768 的 16 位补码为 10000000 00000000，这是 16 位存储单元所能表示的最小补码数。

综合上面的例子和有关补码知识，int 所能保存的数的范围如图 2-6 所示。

【例 2.4】整型数据的溢出。根据图 2-6 分析下面程序运行结果。

源程序：

```
void main()
{
    int  i;
    i=32767;
    i=i+1;
    printf("i=%d",i);
}
```

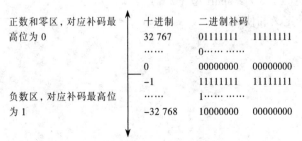

图 2-6   int 型数据取值范围

运行结果：

i=-32768

程序说明与分析：

① 在输出函数 printf() 中，int 型数据输出格式说明符为%d。

② int 型数据的最大值是 32 767，加 1 产生了负向溢出，得到最小值–32 768。其原理如图 2-7 所示。

图 2-7　例 2.4 运行结果

（2）整型变量的分类。

上面讨论的 int 类型变量为基本整型，基本整型既可表示正数，也可表示负数（最高位为符号位）。

跟基本整型相对的还有一类无法表示符号的整型，称为无符号整型（unsigned int），一般可简写为 unsigned，由于 unsigned 型无符号位，即只能表示正数，所以无符号基本整型变量的存数范围是：00000000 00000000～11111111 11111111（0～65 535）。

注意：11111111 11111111 对于有符号整数，它表示–1，对于无符号数它表示最大数 65 535。

同时，为了能保存更大范围的整数，C 语言中又将有符号整型及无符号整型进一步划分为长整型、基本整型、短整型，它们的主要区别在于被分配的存储空间的大小不同，它们的详细情况如表 2-1 所示。

表 2-1　存储空间的区别

有无符号	类型说明符	位数	最 值 范 围	
有符号	short[int]	16	–32 768～32 767	即 $-2^{15} \sim (2^{15}-1)$
	int	16	–32 768～32 767	即 $-2^{15} \sim (2^{15}-1)$
	long[int]	32	–2 147 483 648～2 147 483 647	即 $-2^{31} \sim (2^{31}-1)$
无符号	unsigned short[int]	16	0～65 535	即 $0 \sim (2^{16}-1)$
	unsigned[int]	16	0～65 535	即 $0 \sim (2^{16}-1)$
	unsigned long[int]	32	0～4 294 967 295	即 $0 \sim (2^{32}-1)$

上述各类型整型变量占用的内存字节数随系统而异。在 Turbo C 编译系统中，一般用 2 B 表示一个 int 型变量，且有：

long 型（4 B）≥int 型（2 B）≥short 型（2 B）。

【例 2.5】整型变量的定义和使用。

源程序：

```
void main()
{
    int a,b,c,d;
    unsigned u;
    a=12;b=-24;u=10;
    c=a+u;d=b+u;
    printf("a+u=%d,b+u=%d\n",c,d);
}
```

运行结果：

```
a+u=22,b+u=-14
```

程序说明与分析：int 型数据与 unsigned int 型数据进行了算术运算。可见不同种类的整型数据可以进行算术运算（关于不同数据类型的数据进行算术运算时有关数据转换规则请见本章后续内容）。

【例 2.6】：现将例 2.4 变化成下面程序，并观察运行结果。

源程序：

```
void main()
{
    long i;
    i=32767;
    i=i+1;
    printf("i=%ld",i);
}
```

运行结果：

```
i=32768
```

程序说明与分析：

① 变量 i 定义成 long（长整型），输出函数中的%ld 说明要输出长整型。

② 长整型数据表示的范围为 $-2^{31} \sim 2^{31}-1$，远比 int 型范围 $-32768 \sim 32767$ 要大，所以计算结果自然是正确的。对于本例变量值的具体变化情况，如图 2-8 所示。

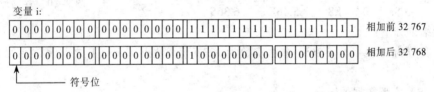

图 2-8 变量值的变化

可见，在编写程序时，根据处理数据的范围情况，变量类型的选择是很关键的。

2.2.4 实型数据

1. 实型常量

实型常量有两种表示形式。

（1）十进制小数形式：1.2，2.，.12，0.0。

（2）指数形式：123e3，.123e6，123.e3，1.23e5。

以上指数形式的实数都表示 123×10^{3}，要注意 e 前一定要有数字（尾数），e 后一定要有整数（指数），尾数和 e 之间不能有任何分隔符。

值得注意的是：上面的四个指数表示尽管都是正确的，都可表示同一个实数，但通常只把最后一种表示 1.23e5 称为规范化表示形式。指数形式的规范化形式为：尾数中小数点左边有且只能有一位非零数字。当要用指数形式输出一个实数时，就是按规范化指数形式输出。

2. 实型变量

在程序中，要用实型变量来保存实型数据。

（1）实型变量的分类。

C 语言的实型变量，分为两种：

① 单精度型。类型关键字为 float，一般占 4 B（32 位）、提供 7 位有效数字，数值范围为 $10^{-37} \sim 10^{38}$。

② 双精度型。类型关键字为 double，一般占 8 B、提供 15～16 位有效数字（具体有多少位同计算机有关），数值范围为 $10^{-307} \sim 10^{308}$。

单精度型变量的定义形式如下：

```
float  a,b,c;
```

双精度型变量的定义形式如下：

```
double  x,y,z;
```

（2）实型变量的存储表示。

在内存中保存一个实型变量时，计算机系统将其存储单元分作两部分，一部分保存阶码（指数部分），一部分保存尾数。存储形式如图 2-9 所示。

尾数部分	指数部分

图 2-9　实型变量的存储形式

在上面的存储格式中，尾数部分以定点小数形式保存尾数，指数部分以定点整数形式保存指数，所占二进制位数与具体机器或单精度和双精度有关。如，将 12.3 保存到实型变量中，则对应的存储形式如图 2-10 所示。

即表示 $12.3 = 0.123 \times 10^2$，当然，在实际计算机系统中是用二进制来表示尾数部分和指数部分，对应的基数不是 10 而是 2。

+0.123	+2

图 2-10　存储形式示例图

【例 2.7】 判断下面实数的合法性。

123　　 –3.8e – 10　　 E8　　 5.46E　　 6.365

判断结果如下：

合法实数为–3.8e–10, 6.365；非法实数为 123（无小数点），E8（E 之前无数字），5.46E（无指数）。

【例 2.8】 实型数据的输出。

源程序：

```
void main()
{
    float  f;
    double  d;
    f=1.25;
    d=1.25;
    printf("f=%f\nd=%f\n",f,d);
}
```

运行结果：

```
f=1.250000
d=1.250000
```

分析说明：

① 在输出实型数据时，不管是单精度还是双精度，转换说明符均用%f。

② 实型变量输出时，小数部分默认输出 6 位，不管赋初值时有多少位，也不管是单精度还是双精度。

③ 在一定的精度和范围内，一个实型常量既可赋值给 float 变量，也可赋值给 double 变量。

注意：程序中的\n 代表换行输出，是一个控制字符（在字符型数据中介绍）。

【例 2.9】实型数据的精度。分析观察程序运行结果。

源程序：

```
void main()
{
    float  f;
    double  d;
    f=33333.33333;
    d=33333.33333333333333;
    printf("f=%f\nd=%f\n",f,d);
}
```

运行结果：

```
f=33333.332031
d=33333.333333
```

分析说明：

① 单精度实型变量保存的实数的有效位数为 7 位，其余的精度将丢失，本例中单精度变量 f 中整数部分已占 5 位，小数点 2 位之后便为无效数字，原来的部分小数已损失。

② 双精度实型变量保存的实数的有效位数为 16 位之多（视不同机器而定），本例中的双精度变量 d 在输出时，小数部分也应输出 6 位，加上整数 5 位，共 11 位，这小于实际保存的 16 位，故前面的 11 位如实输出。

2.2.5　字符型数据

1．字符常量

字符常量是用单引号括起的单个字符。如'A'，'a'，'$'，' '等。字符常量在保存时是通过保存其相应代码 ASCII 码实现的。

字符常量有两种表示方法：

（1）一般表示形式，如前所述。

（2）转义字符表示形式。转义字符表示形式主要用来表示不可显示的一些特殊字符，当然也可用来表示普通字符。转义字符有以下三种用法：

① 表示控制字符，如：

'\n'表示换行

'\t'表示水平制表

'\b'表示退格

'\r'表示回车

② 表示特殊字符，如：

'\' '表示单引号

'\" '表示双引号

'\\'表示反斜杠

③ 表示所有字符，只需提供要表示字符的 ASCII 码。

'\ddd'，ddd 指要表示字符的 ASCII 码的 3 位八进制数，如：

'\012'表示'\n'　　'\101'表示'A'

'\xhh'，hh 指要表示字符的 ASCII 码的 2 位十六进制数，如：

```
'\xA'表示'\n'          '\x41'表示'A'
```

【例2.10】转义字符的使用（注：程序中□的代表输入一个空格）。

源程序：

```
void main()
{
    printf("□ab□c\t□de\rf\tg\n");
    printf("h\ti\b\bj□k");
}
```

运行结果：

```
f□□□□□□gde
h□□□□□j□k
```

程序说明：

① 本程序没有单独的字符常量，所有的字符均出现在输出函数的引号中，以这种形式出现的字符系列称为字符串（串中的字符常量都不需' '，字符串将在数组中详细介绍），本例是将包含在字符串中的字符用输出函数输出。

② "□ab□c"中都是普通字符，原样输出，'\t'显示光标跳到下一制表区（显示器从左到右分若干制表区，每区8列），即光标跳到第9列，然后输出"□de"，所以这一阶段输出为：□ab□c□□□□de；然后接着输出'\r'控制字符，表示回车，即光标跳到本行首，然后输出f，屏幕上变为：fab□c□□□□de；接着输出"\tg"，表示下一制表区（第9列）输出'g'，同时，光标跳格所经过的位置用空格输出，屏幕显示为：f□□□□□□gde；最后输出'\n'表示换行，即结束一行的输出。

第二个输出函数留给读者自分析。注意：其中的'\b'代表光标左退一格。

2．字符型变量

（1）字符型变量的定义和使用。

用以保存字符数据的变量为字符型变量。实际上存储的是字符的 ASCII 码。字符型变量的类型说明符为 char。下面是定义一个字符型变量的例子：

```
char  c;
```

它表示变量 c 是一个字符型变量，可以存入一个字符型数据，所以可按下面的形式向其赋值：

```
c='A';
c='\ x41';
c='\ 101';
```

这三条赋值此时是等效的，都是将'A'赋值给变量 c。读者要注意其中的八进制和十六进制表示同整型常量时的表示区别。

【例2.11】字符型变量的输出。

源程序：

```
void main()
{
    char  c;
    c='A';
    printf ("c=%c\n",c);
}
```

运行结果：

c=A

分析说明：

① 在输出函数 printf()中，字符型数据的输出使用转换说明符%c。

② 字符常量在程序中表示时需要加单引号''，但输出时不会有。

（2）字符数据在内存中的存放形式。

字符型变量在内存中的大小：1 B。

因字符型变量保存字符数据的 ASCII 码，所以存储形式类似整型，只因所有字符的 ASCII 很小，故字符型变量只占 1 B。

如：字符数据'A'的 ASCII 十进制值为 65，所以要将'A'赋值给字符变量 c，下面的赋值形式都可：

c='A';

c=65;

c: | 0 | 1 | 0 | 0 | 0 | 0 | 0 | 1 |

图 2-11　字符变量在内存中的存储形式

这时，字符变量 c 在内存中保存方式如图 2-11 所示。

【例 2.12】向字符变量赋整数。

源程序：

```
void main()
{
    char c1,c2;
    c1=97;
    c2=c1+1;
    printf("%c%c\n",c1,c2);
    printf("%d%d",c1,c2);
}
```

运行结果：

a b

97 98

分析说明：

① 字符型变量以类似整型的方式在内存中存放，不过存储单元仅 1 B，其中存放的是字符 ASCII 码，所以 char 型变量可以和 int 变量一样作加减运算。

② 97 是小写字母 a 的 ASCII 码，即 c1 中保存了字母 a，98 是小写字母 b 的 ASCII 码，即 c2 中保存了字母 b。

③ %c 以字符形式输出字符数据，%d 以整数输出字符数据中的 ASCII 值。

2.3　知识与技能扩展

2.3.1　常量的数据类型及后缀表示

1. 整型常量的类型及其后缀

整型常量的类型的确定及后缀表示可遵循下面的原则：

（1）一般的整型常数根据其范围即可确认它的类型，如：128，因为在-32 768～32 767 范围之内，系统自动认定它的类型为基本整型 int，即默认情况下用 2 B 保存并处理它；32769 大于 32 767，在长整型的表示范围内，则系统自动认定它的类型为 long，即默认情况下用 4 B 保存并处理它。

（2）如果要明确指出某整型常量的类型，可在其后加上相应的后缀，如：128L 或 128l 表示该数为长整型，系统将用 4 B 保存并处理它；32769U 或 32769u 表示该数为无符号整型，系统将用 2 B 保存并外理它（无符号整型数据范围是 0～65 535），同时，最高位 1 解释为实际数值而不代表符号。32769LU 或 32769lu 表示该数为无符号长整型，系统将用 4 B 保存并外理它。

2．实型常数的类型及其后缀

一般地，实型常数通常不管单、双精度，默认都按双精度 double 型处理和计算。如果需明确指定其处理方式为 float 处理方式，可指定后缀 f 或 F。

如 12f、30.5F 均按单精度处理。

2.3.2　赋值转换

赋值运算可将一个表达式的值赋给另外一个变量，但是，如果赋值符两侧的数据类型不一致，在赋值时要进行数据类型转换。当然，这种转换一般是在整型、实型或字符型之间进行的。

赋值转换是指在给变量赋值之前，将赋值符号右边表达式的类型临时转换为左边变量所需要的数据类型。具体措施如下：

（1）将实型数据赋值给整型变量，舍弃小数部分。

如，i 为整型变量，则赋值运算 i = 3.14 的值为 3，同时也使得 i 的值为 3，3 以整数形式保存在变量 i 中。

（2）将整型数据赋予实型变量，数值不变，但将以实数形式存放到实型变量中，即增加小数部分（小数部分的值为 0）。

如，f 为单精度 float 型变量，则赋值运算 f = 25 先将 25 转换成 25.00000（7 位有效数字），然后将其存放于 f 中。如果将其赋值给双精度变量，情况类似。

（3）将一个 double 型数据赋值给 float 变量，如果没有超出 float 数据的表示范围，则截取 double 型数据的前面 7 位有效数字，存放到 float 型变量中。如：

```
float  f;
double  d;
d=12.3456789;
f=d;
```

则 f 被赋值为 12.34567。但如果有：

```
d=12.345e100
f=d;
```

则出现溢出错误。

（4）将一个 float 型数据赋给 double 变量，数值不变，有效位数扩展到 16 位，然后赋值。

（5）将长整型或无符号长整型赋值给存储单元较小的整型（包括有符号和无符号的 2 B 整型及字符型）变量时，只是简单地取出长整型（包括无符号）的低字节，然后赋值，所以数据极可能超出存储范围而溢出。

【例 2.13】将长整型赋值基本整型变量。

源程序：

```
void main()
{
    long  a;
    int  i;
    a=32769;
    i=a;
    printf("i=%d\n",i);
}
```

运行结果：

i=-32767

很明显，32 769 已超过 int 所能表示的最大整数 32 767，导致结果溢出。

赋值转换过程如图 2-12 所示。

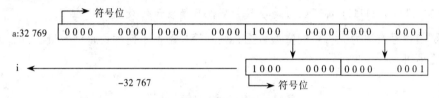

图 2-12　赋值转换过程

很明显，如果将上例中 int i; 改为 char c; 则经过赋值 c = a 后，c 中必保存 1，如图 2-13 所示。

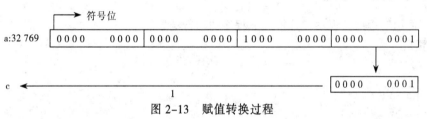

图 2-13　赋值转换过程

（6）将所占存储空间较小的整型数据赋值给所占存储空间较大的整型变量，这时变量足以保存所赋数据，所以不会造成数据丢失。

只是在将有符号的负整数值赋给无符号的整型变量时，这时无符号的整型变量将对最高位的 1 作不同的解释（即原来表示符号，现在表示实际数据的一部分），最终表现出的十进制值不一样。除此之外，该情形下赋值转换的结果在数据表现上没有变化，也是安全的（不溢出）。

【例 2.14】将 int 整型数据赋值给 long 长整型变量。

源程序：

```
void main()
{
    long  a;
    int  i;
    i=-32768;
    a=i;
    printf("a=%ld\n",a);
}
```

运行结果：

a=-32768

分析说明：如图 2-14 所示。

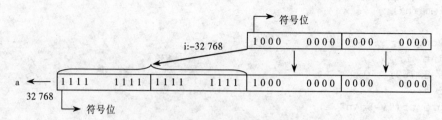

图 2-14   运行过程示意图

注意：将一个有符号的整型变量赋给一个字节数较长的整型变量时，应先在原数据前作"符号扩展"，然后赋值。所谓符号扩展，是指按原数据的符号位情况在符号位左边填充相应位数的全 1（负数）或全 0 位，形成新的符号位，以保证数不变化。如 11111111 11111111 和 11111111 11111111 11111111 11111111 都可认为是-1 的补码，只是表示位数不同。

如果赋值符号右边为无符号的整型数据，则不管是赋值给何种长整型变量，只需在数据位最左边补零即可。

2.4   典型案例

【案例 1】整型数据溢出

比较下面两个程序，观察并分析以下程序的运行结果。

源程序 1：

```
void main()
{
    long  i;
    i=32760+10;
    printf("i=%ld",i);
}
```

运行结果：

```
i=-32766
```

源程序 2：

```
void main()
{
    long  i;
    i=32760L+ 10L;
    printf("i=%ld",i);
}
```

运行结果：

```
i=32770
```

分析说明：

（1）程序 1 中的常量 32 760 和 10 都在整型表示范围中，所以两者都为整型常量，运算结果也应为整型（2 B），而 32 760+10 已超过了整型数据的表示范围，故最终结果因为溢出而变负。计算原理如图 2-15 所示。

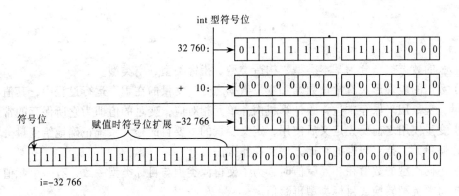

图 2-15 整型数据计算过程中发生溢出

（2）程序 2 中的常量 32760L 和 10L 都为长整型，运算结果也为长整型，其值不会发生溢出，所以结果是正确的。运算过程如图 2-16 所示。

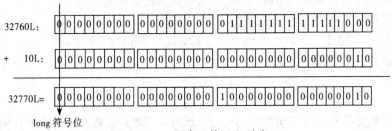

图 2-16 程序运算过程示意

【案例 2】大小写字母的转换

将 c1、c2 两字符型变量中的小写字母转化为大写字母。

算法分析：

（1）先求得原小写字母的 ASCII 码到'a'的 ASCII 码之间差值。

（2）再将得到的差值与大写字母'A'的 ASCII 码相加，得到转换后的大写字母 ASCII 码。

源程序：

```c
void main()
{
    char  c1, c2;
    c1='a';
    c2='b';
    c1=(c1-'a')+'A';
    c2=(c2-'a')+'A';
    printf("%c  %c",c1,c2);
}
```

运行结果：

A B

分析说明：程序对字符型数据作加减运算，实际上是在对字符的 ASCII 码运算。

小　结

（1）C的数据类型分为基本类型、构造类型、指针类型、空类型。

（2）数据的表现形式有常量数据和变量数据之分，常量的在程序运行过程中，其值不发生改变的量；变量用来保存常量，跟计算机内存单元相对应，变量的值即为它所保存的常量值。

（3）变量使用之前要先定义后使用，定义变量的主要目的是使系统正确地给变量分配指定大小的存储单元、指定数据的存储方法和操作方法。

（4）不同类型的数值在相互赋值时，为了使得源类型与目标类型一致，有一个赋值转换的过程。先将源类型转换成目标类型再赋值。

习　题

1. 什么是变量，什么是常量？并请说出符号常量同变量的区别。
2. 指出下列字符中不合法的用户标识符。

　_abc　　If　　5ab　　a1　　#2　　sum-1　　shift_1　　void

3. 请写出下面各整数的补码，并用十六进制表示出来。

　（1）32　　　　　（2）75　　　　（3）-1

　（4）-111　　　　（5）2 483　　　　　（6）-28 654

4. 将以下三个整数分别赋给不同类型的变量，请写出赋值后数据在内存中的存储形式。

变量的类型	25	-2	32769
int 型（16 位）			
char 型（8 位）			
unsigned 型（16 位）			
unsigned char（8 位）			

5. 指出下列不合法的数值表示形式。

　.0　　01　　oxff　　0xabc　　028　　1*e-2　　0x19　　e-2.0　　12.　　2e2

6. 写出下面程序运行结果。

```
void  main()
{
    char  c1='a',c2='b',c3='c',c4='\101',c5='\116';
    printf("a%cb%c\tc%c\tabc\n",c1,c2,c3);
    printf("\t\b%c%c",c4,c5);
}
```

7. 写出下面程序运行结果。

```
void main()
{
    char  c='A';
    c=c+1;
    printf("%c\t %d",c,c);
}
```

第3章 运算符和表达式

本章目标

C语言中运算符和表达式数量之多，在高级语言中是少见的。正是丰富的运算符和表达式使C语言功能十分完善。这也是C语言的主要特点之一。通过本章的学习，读者应该掌握以下内容：

- C语言运算符及其表达式。
- 各种运算的运算规则及运算优先级关系。

3.1 引 例 分 析

下面有一简单源程序，演示了在C程序中运算符及表达式的一般使用方法。

源程序：

```c
void main()
{
    int i=3,j=7,k1,k2;          /*定义变量并初始化*/
    float m=3.8,n=2.5,t;         /*变量i做加1运算，再赋值给i*/
    i=i+1;                       /*变量j做+=运算，等效于j=j+i*/
    j+=i;
    printf("i,j ***** %d,%d\n",i,j);
    k1=i*j;                      /*i和j做乘法运算，赋值给k1*/
    k2=j%i;                      /*j被i除，求余数，赋值给k2*/
    printf("k1,k2 ***** %d,%d\n",k1,k2);
    k1=i++;                      /*i后置自增运算，赋值给k1*/
    k2=++j;                      /*j前置自增运算，赋值给k2*/
    printf("k1,i ***** %d,%d\n",k1,i);
    printf("k2,j ***** %d,%d\n",k1,j);
    printf("i+j ***** %d\n",i+j); /*可直接在输出列表中计算并输出*/
    t=m/n;                       /*m和n做除法，赋值给t*/
    printf("t ***** %f\n", t);
}
```

运行结果：

```
i,j ***** 4,11
k1,k2 ***** 44,3
k1,i ***** 4,5
k2,j ***** 4,12
i+j ***** 17
t ***** 1.520000
```

分析与说明：

上述代码当中的 "+、+=、*、%、/、=" 等符号都为运算符，由这些运算符连接起来的式子称为表达式,对这些运算符及其表达式的求值过程在行尾作了相应的注释说明,请结合注释理解。

3.2 基本知识与技能

C 语言表达式是由运算符连接常量、变量、函数所组成的式子。C 语言中提供了非常丰富的运算符,用以对所有类型的数据以表达式的形式进行不同的处理运算,进而得到处理结果。可大致将这些运算符分为以下几类:

算术运算符: +、-、*、/、%、++、--。

关系运算符: >、<、==、>=、<=、!=。

逻辑运算符:!、&&、||。

位运算符: <<、>>、~、|、^、&。

赋值运算符: = 及其扩展赋值运算符。

条件运算符: ?:。

逗号运算符:,。

指针运算符: *、&。

求字节运算符: sizeof。

强制类型转换运算符:(类型)。

分量运算符: ->。

下标运算符: [ ]。

其他运算符。

3.2.1 算术运算符及算术表达式

1. 基本算术运算符

+ （取正值运算,或做加法运算。如+3, 5+3）

- （取负值运算,或做减法运算。如-3, 5 -3）

* （乘法运算。如 5*3）

/ （除法运算。如 5/3）

% （模运算,又称求余数运算。如 5%3 的值为 2）

其中, +、-运算符做正负运算时为单目运算（只有一个操作对象）,作加减运算时为双目运算（有两个操作对象）。

各运算符的运算优先级如下:

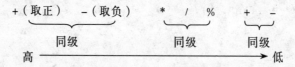

（1）关于除法运算/。

C 语言规定:两个整数相除,其结果为整数,小数部分被舍弃。例如,5 / 2 = 2。任意一个操作数为实数时,结果为双精度型。

（2）关于求余数运算%。

要求两侧的操作数均为整型数据,否则出错,且规定结果的符号与左侧操作数相同。

2．算术表达式求值

用算术运算符和括号将运算对象（即操作数）连接起来的符合 C 语言语法规则的式子，称为 C 算术表达式。

所谓表达式求值，就是按表达式中各运算符的运算规则和相应的运算优先级来获取运算结果的过程。对于表达式求值，一般要遵循的规则是：

（1）按运算符的优先级高低次序执行。例如，先乘除后加减，如果有括号，则先计算括号。

（2）如果一个运算对象（或称操作数）两侧运算符的优先级相同，则按 C 语言规定的结合方向（结合性）进行。

例如，算术运算符的结合方向是"自左至右"，即：在执行"a – b + c"时，变量 b 先与减号结合，执行"a – b"；然后再执行加 c 的运算。

在其他类的运算符中，除赋值运算外，绝大部分双目运算结合方向是"自左至右"，绝大部分单目运算结合方向是"自右至左"。

【例 3.1】求下列算术常量表达式的值。

9 %(5 – 4)* 10 + 1

根据表达式求值顺序：

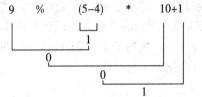

3．各类数值型数据混合运算时的类型转换规则

对于每一种算术运算，一般要求参与运算的操作数的数据类型完全一致，经过运算后，其值也具有相同的数据类型。

如果操作数的数据类型不一致，必须先将其中一种数据类型转化为另一种数据类型，使其一致，然后进行运算，得到相应类型的值。这种转换是由系统自动进行的。

如有表达式 32767 + 2L，32767 为 int 型，2L 为 long 型，则系统将根据 32767 得到一个等值的长整型值同 2L 作加法运算，从而得到一个长整型的结果 32769。

对于其他任何两个基本类型的数据参与算术运算，按照运算结果不致损失精度或溢出的原则，转换的规则如图 3–1 所示。

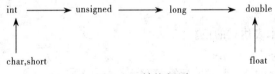

图 3–1　转换规则

对于图 3–1，可做以下说明：

如果在某运算中，一旦出现 float 型，不管另外一个操作数是什么类型，float 型必先转换为 double，然后同另外操作数进行运算；与此类似，如有 char 或 short 型，必先转换得到 int 型，然后运算。

横向箭头表示当运算对象为不同类型时的转换方向和趋势，并不是一定向某类型转换。如 int 同 unsigned 数据运算，int 向 unsigned 方向转换；int 同 double 数据运算，int 则向 double 方向转换。

【例3.2】表达式中数据类型的自动转换。

已知变量 i 为基本整型，变量 f 为单精度型，变量 d 为双精度型，变量 e 为长整型，有以下表达式：10 + 'a' + i * f – d / e

分析该表达式运算过程中各数据类型的转换情况及最终结果的数据类型。

根据表达式中数据类型的转换规则，有：

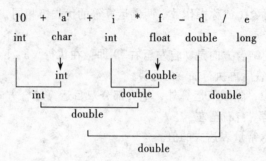

最终结果为双精度型。

必须指出的是，所谓类型转换，并不是字面上所说的将数据从一种数据类型变成另一种数据类型，比如其中的 int 型变量 i，开始的类型为 int 型，运算后还是 int 型，这是绝对不会变化的。这里的转换是一种临时转换，相当于是根据原始数据临时复制一份类型不同的数据，运算完毕得到结果后，这种临时数据就不再存在。

4．强制类型转换

强制类型转换指将某一数据的数据类型转换为指定的另一种数据类型。

这里的转换同上面表达式中数据类型的自动转换不同，表达式中数据类型的自动转换是根据转换规则自动进行的，而强制转换是转换为用户指定的类型。强制转换是用强制转换运算符进行的，强制转换运算符为：(类型名)，组成的对应运算表达式一般形式为：

```
(类型名)(表达式)
```

强制转换运算符优先级比算术运算符高。例如：

```
(double)a          /*将 a 转换成 double 类型*/
(int)(x + y)       /*将 x+y 的值转换成整型，即取整数部分*/
(float)x + y       /*将 x 转换成单精度型*/
```

同表达式中数据类型的自动转换一样，强制类型转换也是临时转换，对原始运算对象的类型没有影响。

【例3.3】求下面算术表达式的值。

x + a % 3 * (int) (x + y) % 2 / 4

设 x = 2.5，a = 7，y = 4.7，上式的运算过程为：

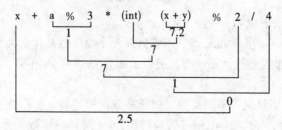

3.2.2 赋值运算符及赋值运算表达式

1. 赋值运算

所谓赋值，就是将某一表达式的值传送给指定变量的操作。在 C 语言中，赋值不仅仅是一种操作，还是一种运算，这是同其他语言明显不同的地方。

（1）赋值运算及其表达式。

赋值运算符就是前面用过的赋值符号 "="。用赋值运算符连接起来的式子称为赋值表达式。赋值表达式的一般形式为：

变量=表达式

左边只能取变量，不能为常量或表达式；右边可取变量、常量或任意表达式。

例如：x = 5;
　　　 y = (float)5 / 2;

（2）赋值表达式求值。

任何一个表达式都有一个值，赋值表达式也不例外。被赋值变量的值，就是赋值表达式的值。

例如，赋值表达式 a = 5，变量 a 的值 5 就是表达式的值。

在混合运算表达式中，赋值运算的优先级低于算术运算；其结合性为"从右向左"，这同算术运算相反，与大部分单目运算相同。

【例 3.4】求下面赋值表达式的值。

（1）x = y = z = 5;　　　　　　（2）'a'+(x = 1)+(y = 2)。

根据赋值运算符的运算规则和结合性可知，上述两赋值表达式求值过程为：

（1）

$$
\begin{array}{c}
x=(y=(\underline{z=5})) \\
\underline{5} \\
\underline{5} \\
5
\end{array}
$$

即整个赋值表达式的值为 5，同时变量 x、y、z 被赋值为 5。

（2）

$$
\begin{array}{c}
\text{'a'} \quad + \quad \underline{(x=1)+(y=2)} \\
97 \quad\quad\quad 1 \quad\quad 2 \\
\underline{98} \\
100
\end{array}
$$

即最终表达式的值为 100，同时变量 x 赋值为 1，变量 y 赋值为 2。

请读者思考：如果将上式改为：'a'+ x = 1 + y = 2　是否合法？

2. 复合赋值运算

（1）复合赋值运算符。

复合赋值运算符是由赋值运算符之前再加一个双目运算符构成的。

复合赋值运算的一般格式为：

变量　双目运算符= 表达式

复合赋值运算符

在书写时，双目运算符与"="之间不能加空格。

如：a += 3 读做"a加赋值3"，等价于：a = a + 3。

依此类推：

x %= 3 　　　　　　　等价于：x = x % 3

x *= y + 8 　　　　　　等价于：x = x * (y + 8)

可以与"="一起组成复合赋值运算的运算符为双目算术运算符和双目位逻辑运算符，共10种：+=、- =、*=、/=、%=、<<=、>>=、&=、|=、^=。

（2）复合赋值运算求值。

表达式中，所有的复合赋值运算具有同简单赋值运算一样的优先级与结合性。复合赋值运算表达式的值即为最终赋给变量的值。如：

a += 3 的值为 a + 3

x %= 3 的值为 x % 3

x *= y + 8 的值为 x * (y + 8)

3. 变量初始化

定义变量时给变量赋予初值称为变量初始化。例如：

```
int i=1;           /*定义 i 为整型变量，初值为 1*/
float f=2.25;      /*定义 f 为单精度变量，初值为 2.25*/
char c='a';        /*定义 c 为字符型变量，初值为'a'*/
```

也可使被定义的变量一部分初始化，如：

```
int a,b,c=1;
```

该声明语句定义了三个整型变量 a、b、c，并将 c 初始化为 1。

变量初始化同变量赋值效果相同，如：

```
int i=1;
```

等效于：

```
int i;
i=1;
```

但实际上两者是不相同的：初始化在数据声明部分，而赋值在执行语句部分；赋值操作是一种运算，并且有相应的值，而初始化操作则不是。

例如，语句 a = b = c = 3;是正确的，而 int a = b = c = 3;则是错误的。

如果几个变量用同一值初始化，正确的写法为：

```
int a=3,b=3,c=3;
```

3.2.3 自增和自减运算及其表达式

1. 自增自减运算符

++自增运算符，使变量的值增 1，如 i ++，使变量 i 的值增加 1。

--自减运算符，使变量的值减 1，如 i --，使变量 i 的值减去 1。

需要说明的是，自增和自减运算符的运算对象都为变量，不能取常量或表达式。且在书写时中间不能插空格。

2. 自增及自减运算表达式

自增、自减运算有两种形式：

前置运算：++i、--i。

后置运算：i++、i--。

两个运算符均为单目运算，优先级高于一般算术运算，与求负运算同级，结合性同大多数单目运算一样具有右结合性（从右向左结合）。

3. 自增自减运算表达式的值

以自增运算为例，前置运算++i 及后置运算 i++对于变量 i 而言，所起的作用是一致的，都相当于表达式 i = i + 1，但变量的 i 值并不能代表表达式++i 或 i++的值。

【例 3.5】先举例说明

源程序：

```
void main()
{
    int i=1,j;
    j=++i;
    printf("i=%d,j=%d\n",i,j);
}
```

运行结果：

i=2,j=2

再将其中的++i 改为 i++：

源程序：

```
void main()
{
    int i=1,j;
    j=i++;
    printf("i=%d,j=%d\n",i,j);
}
```

运算结果：

i=2,j=1

前置运算表达式的值：变量增加或减少 1 之后的值即为表达式的值。即先改变变量的值，后由变量值得到表达式的值。

后置运算表达式的值：变量改变前的原值即为表达式的值。即先由变量值得到表达式的值，后改变变量的值。

【例 3.6】判断下列自增自减表达式的合法性。

5++、(a + b) --、a+++b、a +++++b、-i--

非法表达式：5++、(a + b) --、a +++++b。

合法表达式：a+++b、-i--。

分析：

（1）自增自减运算的运算对象只能是变量，不能为常量或表达式，所以 5++ 和(a + b)--为非法表达式。

（2）C 语言编译系统在处理表达式时一般先从左到右扫描，将尽可能多的字符组成一个合法运算符，所以 a+++b 等效于（a++）+b，即该表达式合法；a+++++b 等效于（（a++）++）+b，即该表达式非法（操作对象不能为表达式）。

（3）自减运算与取负同处一个优先级，结合性从左向右，所以表达式-i--等效于-(i--)，即表达式合法。

通过对以上表达式的分析，建议读者在书写表达式时，根据实际情况在可以加上括号时尽量加上括号，以增强程序的可读性。

3.2.4 关系运算和逻辑运算

1. 关系运算符及关系运算表达式

所谓"关系运算"实际上就是"比较运算"，即将两个数据进行比较，判定两个数据是否符合给定的关系。

（1）关系运算符。

C语言提供了6种关系运算符，如表3-1所示。

表3-1 关系运算符及优先级关系

关 系 运 算 符	优 先 级
<（小于）、<=（小于或等于）、>（大于）、>=（大于或等于）	高
==（等于）、!=（不等于）	低

注意：在C语言中，"等于"关系运算符是"= ="，而不是单等号"="（赋值运算符）。

（2）关系表达式。

用关系运算符连接起来的式子，称为关系表达式。如：

a>b、a<=b

关系表达式只有两个可能的值：当表达式成立，称结果为真，此时关系运算结果为整数1；当表达式不成立，称结果为假，此时关系运算结果为整数0。

如：a = (2 < 1) ，则 a 值为 0。

又如：i 初值为 5，则表达式 i >= 0 结果为 1。

另外，关系表达式同其他运算符的优先关系，由高到低依次为算术运算、关系运算、赋值运算。

【例3.7】已知 a=1，b=2，c=3，求下面各表达式的值，并通过程序验证。

a>b<c　a+b>b+c　(a=3)>(b=5)、c=a<b

根据关系运算的优先级及各运算符的结合性，求得各表达式的值如下：

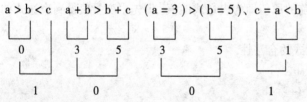

验证表达式 a > b < c 和　a + b > b + c 的值。

```
void main()
{
    int a=1,b=2,c=3;
    printf("%d \n",a>b<c);
    printf("%d \n",a+b>b+c);
}
```

运行结果：

1

0

验证表达式(a = 3) > (b = 5)的值：

```
void main()
{
    printf ("%d \n",(a=3)>(b=5));
}
```

运行结果：

0

验证表达式 c = a < b 的值：

```
void main()
{
    int a=1,b=2;
    printf("%d \n",c=a<b);
}
```

运行结果：

1

2．逻辑运算及逻辑表达式

（1）逻辑运算符及优先级，如表 3-2 所示。

表 3-2　逻辑运算符及优先级

关系运算符	优　先　级
!（逻辑"非"）	高
&&（逻辑"与"）	中
‖（逻辑"或"）	低

逻辑运算符的操作对象：系统将参与逻辑运算的所有运算对象都视为逻辑值（真或假），如果运算对象为零，则直接判为假，除零之外的所有数值都判为真。

（2）逻辑运算法则。

① ‖ ——双目运算：只要有一个操作对象为真，结果即为真，否则，结果为假（有"或者"的含义）。

如：a‖b 只要 a 或者 b 为真，则结果必为真。

② && ——双目运算：必须两个操作对象都为真，结果才为真，否则，结果为假（有"并且"的含义）。

如：a&&b，a 为真并且 b 为真，结果才为真，否则结果为假。

③ ！——单目运算：当操作对象为真，结果为假；否则，结果为真。

如：!a 当 a 为真，结果为假；当 a 为假，结果为真。

其中，a 的取值：a 取 0 时为假；a 取非 0 时为真。

上述内容可用真值表 3-3 表示。

表 3-3　真值表

a	b	a&&b	a‖b	!a
真	真	真	真	假
真	假	假	真	假
假	真	假	真	真
假	假	假	假	真

（3）逻辑表达式。

由上面的真值表可知，逻辑运算产生的结果只有两个取值：当为真时值为 1；当为假时值为 0。

如：7&&0 为 0，2‖1 为 1，!0 为 1。

其中，运算对象 7、2 为非零值，此时视为逻辑真。

另外，逻辑运算符同其他运算符的优先级由高到低依次为：!、算术运算、关系运算、逻辑运算（‖、&&）、赋值运算。

【例 3.8】 设 a=3,b=4,c=5，求下面各表达式的值。

a + b > c && b = = c、! (x = a) && (y = b) ‖ 0

根据逻辑运算符的运算优先级和结合性，各表达式的值为：

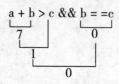 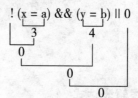

【例 3.9】 请写出能满足下面指定条件的关系表达式或逻辑表达式（即指定的条件能使得所写出的表达式恒定为真）。

① x 为偶数。

② x∈(-10,-1)。

③ x 既能被 3 整除，又能被 5 整除。

④ 闰年的条件是：能被 4 整除，或者能被 400 整除但不能被 100 整除。写出判断 x 为闰年的表达式。

解答：

① x % 2 = = 0

分析：如果 x 为偶数说明 x % 2 的值必为零，即可使得表达式 x % 2 = = 0 为真。

② x > -10 && x <= -1

分析：x 属于该区间，说明 x > -10 并且 x <= -1，根据逻辑运算法则，表达式 x > -10 && x <= -1 必为真。

③ (x % 3 = = 0) && (x % 5 = = 0)

④ (x % 4 = = 0 && x % 100 != 0) ‖ (x%400 = = 0)

注意，描述 x∈(-10,-1)条件的表达式在这里不能写成-10 < x <= -1，该表达式结果恒为假！所以一定跟数学中的表达式区分开。

3.3 知识与技能扩展

3.3.1 位运算

所谓位运算是指直接对二进制的位进行操作的运算。C 语言提供的位运算在一定程度实现了只有低级语言才具备的功能，这方面与其他高级语言相比具有一定的优越性。

1. 位运算符

位运算可分为两类运算：位逻辑运算及移位操作。

（1）位逻辑运算符。

～（按位求反）、&（按位与）、^（按位异或）、|（按位或），其优先级由高到低依次为：～、&、^、|。

（2）移位操作符。

<<（左移）、>>（右移），两个移位操作运算优先级相同。

在位运算中，只有～运算是单目运算，结合性是从右向左结合；其余均为双目运算，跟大多数双目运算一样，结合性从左向右。

位运算同其他运算的优先级关系由高到低依次为：

单目运算（包括按位反～）、算术运算、移位操作（<<、>>）、关系运算、位逻辑运算（&、^、|）、逻辑运算、赋值运算。

其中，因～运算为单目运算，优先级与其他单目运算一样。另外，必须指出，位运算的运算对象只能是整型或字符型数据，不能为实型。

2．位逻辑运算

位逻辑运算是指将整型或字符型数据对应的二进制位（0、1）视为逻辑量，然后按逻辑运算规则进行运算。

（1）按位与运算（&）。

运算符&的作用是：把参与运算的两个操作数，按对应的二进制位分别进行与运算，当两个相应的位都为 1 时，该位上的结果为 1；否则为 0。

例如，表达式 12 & 10 的运算如下：

$$
\begin{array}{rl}
12: & 00001100 \\
\&\ 10: & 00001010 \\
\hline
8\ : & 00001000
\end{array}
$$

分析以上运行结果可知，按位与运算具有如下特征：任何位上的二进制数，只要和 0 做与运算，该位即被屏蔽（清零）；和 1 做与运算，该位保留原值不变。

设有语句：char　a = 0x34;，则 a 的二进制数为 00110100（字符'4'的 ASCII 码），现要求屏蔽掉高四位中所有的 1 而得到'4'对应的数值 4，将这一要求利用&运算实现：

$$
\begin{array}{rl}
a: & 00110100 \\
\&\ 0xof: & 00001111 \\
\hline
4: & 00000100
\end{array}
$$

（2）按位异或运算（^）。

异或运算的规则是：参与运算的两个操作数中相对应的二进制位上，若数相同，则该位的结果为 0；若不同，则该位的结果为 1。

例如，表达式 0x33 ^ 0xc3 的运算如下：

$$
\begin{array}{rl}
0x33: & 00110011 \\
^\ 0xc3: & 11000011 \\
\hline
0xf0: & 11110000
\end{array}
$$

分析以上运行结果可知，按位"异或"运算具有如下特征：任何位上的二进制数，只要和 0 做异或运算，则保持原位不变；只要同 1 做异或运算，则该位取反。

例如，下面用按位"异或"运算的特征来处理指定要求的操作。

设有语句 char　a = 0x6a;，若希望 a 的高四位不变；低四位取反，只需将高四位分别和 0 异或，低四位分别和 1 异或即可。

$$
\begin{array}{r}
0x6a: 01101010 \\
\underline{\begin{array}{r} \widehat{}\quad 0x0f: 00001111 \end{array}} \\
0x65: 01100101
\end{array}
$$

（3）按位或运算（｜）。

按位或的运算规则是：参与运算的两个操作数中，只要两数在相应的二进制位上有 1，该位的结果即为 1，只有当两数在相应位上都为 0 时，该位的结果才为 0。

如：

$$
\begin{array}{r}
01101010 \\
\underline{\begin{array}{r} |\quad 00001111 \end{array}} \\
01101111
\end{array}
$$

从中也可看出按位或运算的特征，任何位上的二进制数，只要与 1 做或运算，该位结果为 1，只要与 0 做或运算，该位结果不变。如若想使 a 中的高四位不变，低四位置 1，可采用表达式：a = a｜0x0f 。

（4）按位取反运算（～）。

按位取反运算的作用是将参与运算的操作数对应各二进制位逐位取反。

如，表达式～0x41 是将 0x41 按位取反，然后得出结果：

$$
\begin{array}{r}
\sim\quad 01000001 \\
\hline
10111110
\end{array}
$$

又如，有语句 int i = 66;，则表达式～ i 的值为：

$$
\begin{array}{rl}
i: & 00000000\quad 01000010 \\
\sim i: & 11111111\quad 10111101
\end{array}
$$

事实上，该结果也是 -67 的补码。

3. 移位操作

移位操作是指将整型或字符型数据对应的各二进制位一起向左或向右移动若干位。

（1）左移运算（<<）。

用来将一个数的各二进制位全部左移若干位，如：

$$a = a << 2$$

表示将 a 对应二进制数左移 2 位，在右边补 0，如果 a = 15，即为二进数 00001111（为简单起见，这里常将小于等于 1 字节范围的整数只用 1 字节表示），则上式运算为：

$$
\begin{array}{rl}
a: & 00001111 \\
a<<2: & 00111100
\end{array}
$$

很明显，左移 1 位相当于乘以 2，左移 2 位相当于乘以 4，左移 n 位则相当于乘以 2^n，所以 C 编译系统有时用左移运算来实现快速相乘。

另外，需要注意的是，左移运算中，当高位为 1 时，也将被移出，这相当于加法运算的溢出。

（2）右移运算（>>）。

用来将一个数的各二进制位向右移动若干位，低位在右端被移出。高位的填充分两种情况：

① 如果被右移的是无符号整数或正数，高位用 0 填充；

② 如果被右移的是负整数，高位填充 1。

这里的原理请参考前面补码的有关知识。

例如：int a = –36;，对应二进制补码形式为：11111111 11011100，则表达式 a>>2 的运算过程及结果为：

a : 11111111　11011100

a>>2 : 11111111　11110111

即结果为–9。

又如：unsigned a = 65500;，对应的二进制形式也为：11111111 11011100，则表达式 a>>2 的运算过程及结果为：

a : 11111111　11011100

a >>2 : 00111111　11110111

即结果为 16375，正好等于 65500 / 4。

所以，不管对于有符号数还是无符号数，右移 n 位相当于除以 2^n。

3.3.2　其他运算符及其表达式

1. 三项条件表达式

（1）三项条件运算符及表达式。

三项条件运算符为一组合运算符"? :"，其组成的表达式一般形式为：

表达式 1?表达式 2:表达式 3

可见，三项条件表达式有三个操作对象，即该运算是一个三目运算。另外，条件表达式中的表达式 1、表达式 2、表达式 3 的类型可以各不相同。

例如，下面是两个合法三项条件表达式的例子：

(x>y)? x:y

(x>0)?1:-1

（2）运算规则。

如果表达式 1 的值为非 0（即逻辑真），则运算结果等于表达式 2 的值；否则，运算结果等于表达式 3 的值。

例如，对于上面的两个三项条件表达式，如果 x = 1，y = 2，则：

表达式(x > y)? x:y 的值为 y，即为 2；表达式(x > 0)?1:-1 的值为 1。

这里要对表达式 1 作特别说明，因为它决定了三项条件表达式的值，实际上，表达式 1 不一定非要是关系表达式或逻辑表达式不可，任一个数值在这个位置都将被视为一个逻辑值。

例如：

int x=10;

y=(x?1:-1);

其中，x 因为非零，视为真，根据运算规则，三项条件表达式的值为 1，即 y 赋值为 1。

（3）运算符的优先级结合性。

条件运算符的优先级，仅高于赋值运算符，比关系运算符和算术运算符等都要低。所以：

(x>y)? x:y　　　　　/*等价于 x > y?x:y*/

y=(x?1:-1)　　　　　/*等价于 y = x?1:-1*/

另外，条件运算符的结合性同赋值运算及单目运算一样，结合方向为"从右向左"。如，有以下表达式：

a>b?a:c>d?c:d

相当于：

`a>b?a:(c>d?c:d)`

注意：该表达式的计算过程还是应该先从判断 a>b 的结果开始，所以先结合并不一定代表先计算。

【例 3.10】从键盘上输入一个字符，如果它是大写字母，则把它转换成小写字母输出；否则直接输出（注：每个大写字母的 ASCII 值都比相应小写字母的 ASCII 值小 32）。

源程序：

```
void main()
{
    char ch;
    printf("Input a character:");
    scanf("%c",&ch);
    ch=(ch>='A'&&ch<='Z')?(ch+32):ch;
    printf("ch=%c\n",ch);
}
```

运行结果：

A✓
ch=a

2．逗号运算及其表达式

C 语言提供一种用逗号运算符"，"连接起来的式子，称为逗号表达式。逗号运算符又称顺序求值运算符。

（1）逗号表达式的一般形式。

表达式 1，表达式 2，…，表达式 n

如有：i ++,a += i,a+i

另外，逗号运算优先级最低，结合方向为"自左向右"。

（2）逗号运算的求解过程。

自左至右，依次顺序地计算各表达式的值，得到的最后一个子表达式的值即为整个逗号表达式的值。

例如，对于上面一个逗号表达式，如果 i 初值为 1，a 初值为 2，则表达式 i ++, a += i, a+i 的计算过程为：

先计算 i ++，得 i 为 2；再计算 a +=i，得 a 为 4；最后 a+i 的值 6 即为逗号表达式的值。

即如果有：b =(i = 1, a = 2, i ++, a += i, a+i)，则 b 值为 6。

3.4 典 型 案 例

【案例 1】求任一整数绝对值

源程序：

```
void main()
{
    int a;
    scanf("%d",&a);
```

```
    a=(a>=0)?a:-a;
    printf("%d",a);
}
```

程序说明：其中的表达式(a>=0) ? a : -a 为三项条件表达式，当 a>=0 时其值为 a，否则其值为-a。

【案例 2】交换两整型变量的值

算法一：借用一个临时变量作为过渡。

源程序：

```
void main()
{
    int a,b,t;
    scanf("%d%d",&a,&b);
    t=a;
    a=b;
    b=t;          /*这三条赋值语句可写成逗号表达式: t=a,a=b,b=t;*/
    printf("%d,%d",a,b);
}
```

算法二：不借用临时变量交换。

源程序：

```
void main()
{
    int a,b;
    scanf("%d%d",&a,&b);
    a=a+b;                    /*将两变量原值之和放进 a*/
    b=a-b;                    /*得到原始 a 值放进 b*/
    a=a-b;                    /*得到原始 b 值放进 a*/
    printf("%d,%d",a,b);
}
```

程序说明：算法二虽然不用临时变量，但有一定的的局限，如只能用来对整型变量交换，且两变量之和不能超出变量的最大范围。

小　结

（1）表达式是由运算符连接常量、变量、函数所组成的式子。每个表达式都有一个值和类型。表达式求值按运算符的优先级和结合性所规定的顺序进行。

（2）一般而言，单目运算符优先级较高，赋值运算符优先级低。算术运算符优先级较高，关系和逻辑运算符优先级较低。多数运算符具有左结合性，单目运算符、三目运算符、赋值运算符具有右结合性。

习　题

1. 设 $a = 1, b = 2, c = 3$，求下列表达式的值。

（1）a + b > =3 && b = = c;

（2）a ‖ b + c && b−c；

（3）!(a > b) && ! c ‖ 1；

（4）!(x = a) && (y = b) && 0；

（5）!(a + b) + c−1 && b + c / 2；

（6）(float) (a + b) / 2 + (int) x % (int) y （设其中 x =3.5，y = 2.5）；

（7）x = (a++, a + b++ , a + b + c++)；

（8）a > b ? a : b > c ? b : c。

2. 设 a = 1, b =2 , c =3，求下列赋值表达式的值。

（1）a = b = c = 5；

（2）a *= 5 + (c = 6)；

（3）a = (b += 4) + (c−= 6)；

（4）a %= (c %= 2)；

（5）a+= a−= a *= a。

3. 写出下面程序的运行结果。

```
void main()
{
    int  i,j,m,n;
    i=8;
    j=9;
    m=++i;
    n=j++;
    printf("%d%d%d%d\n",i,j,m,n);
}
```

4. 写出下列表达式的值。

（1）80 << 2；　　　（2）80 >> 2；　　（3）～0x31；　　（4）0x31 ^ 0xff；

（5）0x31 & 0x0f；　　（6）0x01 | 0x03<<4。

第4章 标准输入/输出

本章目标

程序在运行过程中可能需要不同的原始数据,数据处理完毕以后可能要将结果以某种形式展现出来,这种程序运行过程中与输入/输出设备交换数据的过程称为数据的输入和输出。通过本章的学习,读者应该掌握以下内容:

● 数据输入/输出的概念及在 C 语言中的实现方法。

● 格式输入与输出函数的使用。

● 字符数据的输入/输出。

4.1 引 例 分 析

下面有一个源程序,将程序中的不同类型数据以不同格式显示输出。该程序主要演示了数据输出函数的使用。

源程序:

```
void main()
{
    int a=5,b=7;
    float x=67.8564,y=-789.124;
    char c='A';long n=1234567;
    printf("%d%d%3d%3d\n",a,b,a,b);              /*将整型数据 a、b 按两种样式输出*/
    printf("%f,%f\n",x,y);                       /*将单精度型数据 x、y 按默认格式输出*/
    printf("%10f,%-15f,%8.2f,%4f\n",x,y,x,y);    /*将 x、y 按指定格式输出*/
    printf("%e,%10.2e\n",x,y);                   /*将 x、y 按指数格式输出*/
    printf("%ld\n",n);                           /*输出长整型数据*/
    printf("%s,%5.3s\n","computer","computer");  /*按格式输出字符串*/
    printf("computer\n");                        /*直接输出字符串*/
}
```

运行结果:

```
57  5  7
67.856400,-789.124023
 67.856400,-789.124023    ,   67.86,-789.124023
6.78564e+01,-7.9e+02
1234567
computer,  com
computer
```

分析与说明：

（1）本程序演示将不同数据用 printf()函数输出到显示器（标准输出设备）。

（2）程序中的 printf()是 C 语言标准函库提供的一个库函数，可以向标准输出设备以不同的格式输出不同类型的数据，所以又称它为格式化标准输出函数。

（3）printf()函数调用格式中括号里面的第一个参数为"输出格式字符串"，决定了数据输出的显示格式，后续参数为要依次输出的数据。

（4）"输出格式字符串"中类似%d、%f、%e、%8.2f 等内容，通常称为格式说明符，用以指定要输出数据的数据类型和输出格式。

4.2　基本知识与技能

4.2.1　关于数据输入/输出

在输入/输出时，输入的来源为键盘标准输入设备，而输出的目的地为显示器标准输出设备，此类输入/输出为标准输入/输出（标准 I/O）；如果输入/输出的来源和目标为磁盘文件，此类输入/输出为文件输入/输出（文件 I/O）。关于文件 I/O 将在本书最后一章介绍，本章主要介绍标准 I/O。

在 C 语言中，所有的数据 I/O 都是由 C 语言标准函数库提供的库函数完成的，因此都是由相应函数调用语句来实的。

在使用 C 语言库函数时，要用预编译命令#include 将有关"头文件"包含到源文件中。

使用标准输入/输出库函数时要用到 stdio.h 文件，因此源文件开头应有以下预编译命令：
`#include <stdio.h>`

考虑到 printf()和 scanf()函数使用频繁，系统允许在使用这两个函数时不加"#includ <stdio.h>"。

4.2.2　格式化输出——printf()函数

printf()函数的作用：向计算机系统默认的输出设备（一般指显示器）输出一个或多个任意类型的数据。在前面许多地方和本章引例当中多次使用该函数。

printf()函数的一般格式为：`printf("格式控制字符串" [,输出项表]);`

其中，格式控制字符串控制着输出的格式；输出项表指明要输出的数据。

【例 4.1】已知圆半径 r=1.5，求圆周长和圆面积。

源程序：

```
#define PI 3.415926
void main()
{
    float  r,l,s;
    r=1.5;
    l=2*PI*r;                    /*求圆周长*/
    s=PI*r*r;                    /*求圆面积*/
    printf("r=%f\n",r);          /*输出圆半径*/
    printf("l=%7.2f,s=%7.2f\n",l,s);   /*输出圆周长、面积*/
}
```

运行结果：

```
r=1.500000
l=   10.25,s=   7.69
```

其中：第一行结果由 printf("r=%f\n",r);输出,表示输出 r 的值；第二行结果是由 printf("l=%7.2f,s=%7.2f\n",l,s);输出，输出 l 和 s 的值。

1．格式控制字符串。

"格式控制字符串"在此也称"输出格式控制字符串"，可以包含两种组成部分：格式说明部分和普通字符部分。

（1）格式说明：说明对应输出项的数据类型并指定输出格式。

格式说明以%开头，一般形式如下：

%[m][.n]<格式说明符>

如上面的%7.2f，其中 f 为格式字符，指明要输出的对应输出项为实型；7.2 对应格式说明符中的 m.n，指明输出的总宽度占 7 位，小数位占 2 位，又称 m.n 为附加格式说明符。表 4-1 和表 4-2 列举出常用的格式说明符及可用的附加格式说明符。

表 4-1　printf()常用的格式说明符

格式字符	说　　明
d、i	以带符号的十进制形式输出整数（正数不输出符号）
o	以八进制形式输出整数
x、X	以十六进制形式输出整数
u	以无符号十进制形式输出整数
s	输出字符串
c	以字符形式输出单个字符
f	以小数形式输出实数，包括单精度和双精度，小数点后默认输出 6 位
e、E	以指数形式输出实数
g、G	选用%f 或%e 中输出宽度较短的一种格式

表 4-2　printf()常用的附加格式说明符

附加格式符	说　　明
字母 l	表示输出长整型
m	表示输出的最小宽度
.n	当输出实数时，表示精度即小数位；当输出字符串时，表示从左边截取的字符个数
-	表示输出时按左对齐

（2）其他字符：包括普通字符和转义字符。

普通字符输出时原样输出，如上例中的"l="等；转义字符按其含义输出，如\n 等。

2．输出项表

包含若干要输出的数据，每个输出项可以为变量、常量或表达式。

"格式控制字符串"中的格式说明和输出项是一一对应的关系。例如：

$$printf("1=\%7.2f,s=\%7.2f\backslash n",1,s);$$

4.2.3 格式化输入——scanf()函数

scanf()函数的作用：scanf()函数用来从标准输入设备（即键盘）向程序输入所需要的数据。

例4.1只能求得固定半径 r 为 1.5 的圆的周长和面积，要想程序能求得任意给定半径的圆的周长和面积，则要求程序能接收键输入的任意半径。这时需要对案例 4.1 略加修改，以满足上述要求。

【例4.2】scanf()函数的使用。计算并输出任意半径圆的周长和面积。

源程序：

```
#define  PI 3.415926
void main()
{
    float  r,l,s;
    printf("please input  r:\n");
    scanf("%f",&r);                      /*输入半径值*/
    l=2*PI*r;                            /*求圆周长*/
    s=PI*r*r;                            /*求圆面积*/
    printf("r=%f\n",r);                  /*输出圆半径*/
    printf("l=%7.2f,s=%7.2f\n",l,s);     /*输出圆周长、面积*/
}
```

运行程序：

```
please input  r:
1.5✓
r=1.500000
l=   10.25,s=    7.69
```

重新运行：

```
please input  r:
2.5 ✓
r=2.500000
l=   17.08,s=   21.35
```

通过运行程序说明：使用 scanf()函数，可以通过键盘输入，给程序提供所需的、任意的数据。

1. scanf()函数调用的一般格式

scanf("输入格式字符串", 输入项表);

（1）输入格式字符串。输入格式字符串可以包含 3 种类型的字符：格式说明符、空白字符（空格、【Tab】键和【Enter】键）和非空白字符（又称普通字符）。

格式说明符与 printf()函数相似，空白字符作为相邻 2 个输入数据的默认分隔符，非空白字符在输入有效数据时，必须原样一起输入。

（2）输入项表。输入项表由若干个输入项首地址组成，相邻 2 个输入项首地址之间用逗号分开。例如：

&变量名

其中&是地址运算符。例如，例 4.2 中的&r 是指变量 r 在内存中的地址。

有关 scanf()函数的格式说明符和附加格式说明符如表 4-3 和表 4-4 所示。

表 4-3 scanf()函数的格式说明符

格式字符	说　　　　明
d、i	用以输入有符号的十进制整数
o	用以输入八进制整数
x、X	用以输入十六进制整数
u	用以输入无符号十进制整数
s	用以输入字符串(中间不能有空格)
c	用以输入单个字符
f　e、E　g、G	用以输入单精度实数。以指数形式或小数形式均可

表 4-4 scanf()函数的附加格式说明符

附加格式符	说　　　　明
l	用以输入长整型或双精度型数
*	忽略或跳过该格式说明对应的数据输入
域宽	用以限制最大输入宽度

【例 4.3】利用 scanf()函数通过键盘给变量赋值。

```
void main()
{
    int a,b;long l;
    float x,y;double d;
    char c;
    scanf("%d%d",&a,&b);
    scanf("%f,%f,c=%c",&x,&y,&c);
    scanf("%ld  %lf",&l,&d);
}
```

如果要达到 a=1, b=2, l=3, x=1.5, y=3.5, d=5.5, c='A'同样的赋值效果，那么程序运行时应输入：

1 2↙

1.5, 3.5,c=A ↙

3 5.5 ↙

2．scanf()使用要领总结

（1）各输入项一定要是变量的地址，即用&符号取地址运算。

（2）格式说明符位置按指定类型输入。

（3）非空白字符要如实对应输入，如 ","、"c="。

（4）空白字符对应零到多个空白字符的输入（包括【Enter】键，空格键，【Tab】键）。

如对应于函数调用：scanf("%d , %d",&a,&b);

可输入：　　　　1,2↙

也可输入：　　　1,2↙

也可输入：　　　1 ↙

　　　　　　　　　, 　2↙

或其他形式输入。

（5）除非是格式说明%c，在输入其他格式说明对应的数据前面，可输入多个空白字符（包括【Enter】、空格键、【Tab】键）。

如函数调用 scanf("%d ,%d",&a,&b);

输入同第二个%d格式符对应整数之前可任意输入空白符，即完全可同第（4）种情形。

相反，如函数调用 scanf("%d%c",&a,&b);，要使 a 得到整数 3，b 得到需要的字符'c'，可输入：

3c ✓

但如果输入：3 c✓

则 b 将得到空格字符。

4.3 知识与技能扩展

4.3.1 字符数据输出——putchar()函数

1. putchar()函数的调用格式和功能

作用：向屏幕输出一个字符。

调用格式：putchar(ch);

其中 ch 可以是一个字符变量或常量，也可以是一个转义字符。

【例 4.4】putchar()函数的格式和使用方法。

源程序：

```
#include <stdio.h>                             /*编译预处理命令：文件包含*/
void main()
{
    char ch1='N',ch2='E',ch3='W';
    putchar(ch1);putchar(ch2);putchar(ch3);    /*输出*/
    putchar('\n');
    putchar(ch1);putchar('\n');                /*输出 ch1 的值，并换行*/
    putchar('E');putchar('\n');                /*输出字符'E'，并换行*/
    putchar(ch3);putchar('\n');
}
```

运行结果：

```
NEW
N
E
W
```

2. putchar()函数使用要点

（1）putchar()函数只能用于单个字符的输出，且一次只能输出一个字符。另外，从功能角度来看，printf()函数可以完全代替 putchar()函数。

（2）在程序中使用 putchar()函数，务必牢记：在程序（或文件）的开头加上编译预处理命令（也称包含命令），即#include <stdio.h>。表示函数的相关声明，包含在标准输入/输出头文件（stdio.h）中。

4.3.2 字符数据输入——getchar()函数

1. getchar()函数作用和调用格式

作用：从系统隐含的输入设备（如键盘）输入一个字符。

调用格式：getchar();

【例4.5】说明 getchar()函数的格式和作用。

源程序：

```
#include <stdio.h>                         /*文件包含*/
void main()
{
    char  ch;
    printf("Please input two characters: ");
    ch=getchar();                          /*输入 1 个字符并赋给 ch*/
    putchar(ch);putchar('\n');
    putchar(getchar());                    /*输入一个字符并输出*/
    putchar('\n');
}
```

运行结果：

```
Please input two characters: ab↙
a
b
```

2．getchar()函数使用要点

（1）getchar()函数只能用于接收单个字符的输入，一次接收一个字符输入。如果如入多个字符，只接收第一个，后续字符仍存在于键盘缓冲区，可被后面其他的输入函数所接收。上面例4.5 运行时，当输入 ab 回车后，'a'被第一个 getchar()函数接收，'b'被第二个 getchar()函数接收。

（2）从功能角度来看，scanf()函数可以完全代替 getchar()函数。

（3）程序中要使用 getchar()函数，必须在程序（或文件）的开头加上编译预处理命令：#include <stdio.h>。

4.4　典　型　案　例

【案例 1】输入三角形的三边长，求三角形的面积

源程序：

```
#include <math.h>
void main()
{
    float a,b,c,s,area;
    printf("Please enter the three edges:\n");
    scanf("%f,%f,%f",&a,&b,&c);
    s=(a+b+c)/2;
    area=sqrt(s*(s-a)*(s-b)*(s-c));
    printf("area=%7.2f\n",area);
}
```

运行结果：

```
Please enter the three edges:
3,4,5↙
area=   6.00
```

程序说明:

(1)程序中用到了开平方数学函数 sqrt(),所以在前面需要包含头文件 math.h。

(2)第 1 个 printf()函数调用打印一条提示。

(3)scanf()的格式字符串中用逗号隔开了各格式说明符,所以在输入数据时也应用逗号隔开各数据。

【案例 2】求键盘上输入的任意两个实数之和

源程序:

```
void main()
{
    double a,b;
    printf("please input two number:\n");
    scanf("%lf%lf",&a,&b);
    printf("%f+%f=%f\n",a,b,a+b);
}
```

运行结果:

```
please input two number:
5.2  6.78
5.200000+6.780000=11.980000
```

程序说明:

用 scanf()函数输入 double 类型数据时,对应格式说明用%lf;但是输出 double 类型数据时,对应格式说明只需用%f。

小　　结

(1)程序运行过程中与输入/输出设备交换数据的过程称为数据的输入和输出。

(2)printf()为格式化标准输出函数,其作用为向计算机系统默认的输出设备(一般指显示器)输出一个或多个任意类型的数据。

(3)scanf()为格式化标准输入函数,其作用为从标准输入设备(即键盘)向程序输入所需要数据。

(4)putchar()和 getchar()分别为字符输入/输出函数,一次可向/从标准输入/输出设备输出或输入数据。

习　　题

一、选择题

1. 若变量已正确定义为 int 类型,要给 a、b、c 输入数据,以下正确的输入语句是(　　　)。

　　A. read(a,b,c);　　　　　　　　　　　B. scanf("%d%d%d",a,b,c);

　　C. scanf("%D%D%D",&a,&b,&c);　　　　D. scanf("%d%d%d",&a,&b,&c);

2. 若变量已正确定义为 float 类型,要通过赋值语句 scanf("%f%f%f",&a,&b,&c)给 a 赋予 10、b 赋予 22、c 赋予 33,以下不正确的输入形式是(　　　)。

A. 10   B. 10.0,22.0,33.0   C. 10.0   D. 10   22

   22   22.0 33.0   33

   33

3. 若变量已正确定义，要将 a 和 b 中的数进行交换，下面选项中不正确的是（　　　）。

   A. a=a+b,b=a-b,a=a-b;   B. t=a,a=b,b=t;

   C. a=t; t=b; b=a;   D. t=b; b=a; a=t;

4. 若变量已正确定义，以下程序段的输出结果是（　　　）。

```
x=5.16894;
printf("%f\n",(int)(x*1000+0.5)/(float)1000 );
```

   A. 输出格式说明与输出项不匹配，输出无定值

   B. 5.170000

   C. 5.16800

   D. 5.169000

5. 若有以下程序段，其输出结果是（　　　）。

```
int  a=0,b=0,c=0;
c=(a-=a-5),(a=b,b+3);
printf("%d,%d,%d\n",a,b,c);
```

   A. 0,0,-10   B. 0,0,5   C. -10,3,-10   D. 3,3,-10

6. 当运行以下程序时,在键盘上从第一列开始输入 9876543210✓,则程序的输出结果是(　　　)。

```
void main ()
{
    int  a;float b,c;
    scanf("%2d%3f%4f",&a,&b,&c);
    printf("\na=%d,b=%f,c=%f\n",a,b,c);
}
```

   A. a=98,b=765,c=4321   B. a=10,b=432,c=8765

   C. a=98,b=765.000000,c=4321.000000   D. a=98,b=765.0,c=4321.0

7. 以下程序的输出结果是（　　　）。

```
void main()
{
    int  a=2,b=5;
    printf("a=%%d,b=%%d\n",a,b);
}
```

   A. a=%2, b=%5   B. a=2,b=5   C. a=%%d,b=%%d   D. a=%d,b=%d

8. 若 int 类型占 2 字节，则以下程序段的输出是（　　　）。

```
int  a= -1;
printf("%d,%u\n",a,a);
```

   A. -1,-1   B. -1,32767   C. -1,32768   D. -1,65535

9. 以下程序段的输出结果是（　　　）。

```
int  x=496;
printf("*%-06d*\n",x);
```

   A. *496   *   B. *   496*

   C. *000496*   D. 输出格式符不合法

10. 以下程序段的输出结果是（   ）。
```
float    a=3.1415;
printf("|%6.0f|\n",a);
```
    A. | 3.1415 | B. | 3.0 | C. | 3 | D. | 3. |

11. printf("|%10.5f|\n",12345.678);语句的输出结果是（   ）。
    A. | 2345.67800 | B. | 12345.6780 | C. | 12345.67800 | D. | 12345.678 |

12. 以下程序段的输出结果是（   ）。
```
float  a=57.666;
printf("*%010.2f*\n",a);
```
    A. *0000057.66*   B. *57.66*   C. *0000057.67*   D. * 57.67*

13. 若变量 c 定义为 float 类型，当从终端输入：283.1900↙，能给变量 C 赋以 283.19 的输出语句是（   ）。
    A. scanf("%f",c);   B. scanf("%8.4f",&c);   C. scanf("%6.2f",&c); D. scanf("%8",&c);

14. 若变量已正确说明，要求语句 scanf("a=%f,b=%f",&a,&b);给 a 赋 3.12、给 b 赋 9.0，则正确的输入形式是（   ）。
    A. 3.12   9.0<CR>   B. a=   3.12b=   9<CR>
    C. a=3.12,b=9<CR>   D. a=3.12   ,b=9   <CR>

15. 以下程序的输出结果是（   ）。
```
#include <math.h>
void main()
{
    double  a=-3.0,b=2;
    printf("%3.0f%3.0f\n",pow(b,fabs(a)),pow(fabs(a),b) );
}
```
    A. 9 8   B.   8   9   C.   6   6   D. 以上三个都不对

二、填空题

1. 若有以下定义，请写出以下程序段中输出语句执行后的结果_____。
```
int   i= -200,j=2500;
printf("(1)%d%d",i,j);
printf("(2)i=%d,j=%d\n",i,j);
printf("(3)i=%d\n j=%d\n",i,j);
```

2. 变量 i、j、k 已定义为 int 类型并有初值 0，用以下语句输入 12.3↙
```
scanf("%d",&i);    scanf("%d",&j);    scanf("%d",&k);
```
    则变量 i、j、k 的值分别是_____、_____、_____。

3. 以下程序段要求通过 scanf()语句给变量赋值，然后输出变量的值。写出运行时给 k 输入 100，给 a 输入 25.81，给 x 输入 1.89234 时的三种可能的输入形式_____、_____、_____。
```
int k;float a;double x;
scanf("%d%f1f",&k,&a,&x);
printf("a=%d,a=%f,x=%f\n",k,a,x);
```

4. 以下程序段的输出结果是_____。
```
int x=0177;
printf ("x=%3d,x=%6d,x=%6o,x=%6x,x=%6u\n",x,x,x,x,x);
```

5. 以下程序段的输出结果是_____。

```
int x=0177;
printf ("x=%-3d,x=%-6d,x=$%-06d,x=$%06d,x=%%06d\n",x,x,x,x,x);
```

6. 以下程序段的输出结果是_____。

```
double  a=513.789215;
printf("a=%8.6f,a=%8.2f,a=%14.8f,a=%14.8lf\n",a,a,a,a);
```

三、编程题和改错题

1. 以下程序多处有错，要按下面指定的形式输入数据和输出数据时，请对该程序做相应的修改。

```
void main()
{
    double a,b,c,s,v;
    printf(input a,b,c:\n);
    scanf("%d%d%d",a,b,c);
    s=a*b;
    v=a*b*c;
    printf("%d%d%d",a,b,c);
    printf("s=%f\n",s,"v=%d\n",v);
}
```

当程序执行时，屏幕的显示和要求输入形式如下：

input a,b,c:2.0 2.0 3.0   ←此处的 2.0 2.0 3.0 是用户输入的数据
a=2.000000,b=2.000000,c=3.000000   ←此处是要求的输出形式
s=4.000000,v=12.000000

2. 编写程序，把 560 分钟换算成用小时和分钟表示，然后进行输出。

3. 编写程序，输入两个整数：1500 和 350，求出它们的商数和余数并进行输出。

4. 编写程序，读入三个双精度数，求它们的平均值并保留此平均值小数点后一位数，对小数点后第二位数进行四舍五入，最后输出结果。

第 5 章 分 支 结 构

本章目标

通过本章的学习，读者应该掌握以下内容：

- C 程序语句类型和结构化程序的三种基本语句结构。
- if 语句和用 if 语句构成的选择结构。
- switch 语句以及用 switch 语句和 break 语句构成的选择结构。

5.1 引 例 分 析

输入一个整数，判别它是否是奇数。若是奇数，打印 YES；若不是奇数，打印 NO。

源程序：

```
void main()
{
    int  n;
    printf("input n:\n");
    scanf("%d",&n);
    if(n%2!=0)                      /*判断 n 是否是奇数，依据是 n%2!=0 是否为真*/
        printf("n=%d    YES.\n",n); /*条件为"真"时要执行的语句*/
    else
        printf("n=%d    NO.\n",n);  /*条件为"假"时要执行的语句*/
}
```

运行结果，第一次运行输入 5：

```
input n:
5↙
n=5    YES.
```

第二次运行输入 6：

```
input n:
6↙
n=6    NO.
```

分析与说明：

（1）本程序的执行需要分析判断，根据情况的不同选择执行不同的操作，而选择执行的依据是预设的选择条件，如本例的选择条件是"这个整数是否为奇数"。

（2）if...else 是 C 语言实现选择执行的控制语句，可实现两路分支选择执行。

（3）本例选择执行的依据条件是 n%2!=0，当条件为真时，表示 n 为奇数，选择执行 if 下分支语句；否则，表示 n 不是奇数，选择执行 else 后的分支语句。

5.2　基本知识与技能

5.2.1　程序的基本结构

从程序流程的角度来看，程序可分为三种基本结构：

顺序结构；

分支结构；

循环结构。

这三种基本结构可以组成所有的各种复杂程序。C 语言提供了多种流程控制语句来实现这些程序结构。

其中，顺序结构程序是指逐条语句往下执行，不涉及流程跳转、不需要专门的流程控制语句实现，一般比较简单，容易理解。事实上，很少有程序单纯由顺序结构程序组成。

本章主要介绍分支程序结构和 C 语言下实现分支结构的各种控制语句。

5.2.2　C 语言的语句

C 程序包括一个或多个源程序文件，而一个源程序文件可包含预处理命令、变量或函数声明、函数定义。C 程序结构如图 5–1 所示。

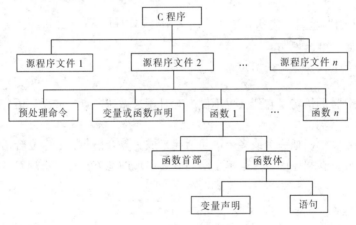

图 5–1　C 程序结构图

一个函数由两部分组成：函数首部和函数体。而函数体一般包括声明部分和执行部分，执行部分即由语句组成，参见第 1 章。

需要指出的是，C 语句用来向计算机系统发出操作命令，即用来完成一定操作任务。声明部分的内容不应称为语句。例如：

① int x;　　　　　　　　　　　　/* 变量声明而不是语句，它不产生机器操作 */
② a=10;　　　　　　　　　　　　/* 赋值语句 */
③ float add(float a, float b);　　/* 函数声明而不是语句，它不产生机器操作 */
④ add(5.2, 3.4);　　　　　　　　/* 函数调用语句 */

一个语句必须在最后出现分号，分号是语句的终结符，而不是语句之间的分隔符，也就是说，分号是构成语句不可缺少的组成部分。例如：

① a=3   /*是一个表达式而不是一个语句*/
② a=3;   /*是一个赋值语句*/

C 语句大体可分为 5 类：

（1）控制语句，完成一定的控制功能。C 有 9 种控制语句，即：

if ( ) ~ else ~   （分支语句）
switch ( ) { ~ }   （多路分支语句）
while ( ) ~   （循环语句）
do ~ while ( )   （循环语句）
for ( ) ~   （循环语句）
continue   （结束本次循环语句）
break   （终止执行 switch 或循环语句）
goto   （转向语句）
return   （从函数返回语句）

【说明】上述 9 种语句中的( )表示其中是一个条件，~表示内嵌的语句。例如，"if ( ) ~ else ~"的具体语句可写成：if (x>y) z=x; else z=y;。

（2）函数调用语句。由一次函数调用加一个分号构成一个语句，例如：
printf("How do you do!");

（3）表达式语句。由一个表达式加一个分号构成的语句，例如：
i++; a=3;

"函数调用语句"也属于表达式语句，因为函数调用也是一种表达式，只是为了方便理解和使用，才将二者分开来说明。

（4）空语句。下面是一个空语句：

;

即只有一个分号的语句，它什么也不做。有时用来做转向点，或循环语句中的循环体（表示循环体什么也不做）。

（5）复合语句。用{ }把一个或多个语句括起来成为复合语句，一个复合语句在语法上等同于一个语句，因此，在程序中，凡是单个语句能够出现的地方都可以出现符合语句。例如：

```
{
    temp=x;
    x=y;
    y=temp;    /*注意：复合语句中最后的分号不能忽略不写*/
}
```

C 语言允许一行写一个或多个语句，实际上，行不过是人们的视觉组织。例如：
temp=x; x=y; y=temp;   /*3 个语句写在 1 行*/
一个语句也可以分写在多行上，但标识符不能被分行写。

5.2.3 分支结构和 if 语句

与顺序程序结构相比，分支程序结构中的语句可按预设条件有选择地执行，而顺序结构程序中的语句无条件顺序地执行，所以，分支结构可实现编写功能更为强大的程序，更加符合实际需要。

if 语句用来设计分支结构的程序，是分支结构的控制语句。

1．简单的 if 语句结构

用 if 语句可以构成分支结构。它根据给定的条件进行判断，以决定执行某个分支程序段。C 语言的 if 语句有两种基本形式。下面的例 5.1 就分别用了两种决解方案来实现同一个问题。

【例 5.1】从键盘上输入两个整数，再按由小到大的顺序输出。

解决方案一：

```
void main()
{
    int a,b;
    scanf("%d%d",&a,&b);
    if(a>b)
        printf("min=%d,max=%d\n",b,a);
    else
        printf("min=%d,max=%d\n",a,b);
}
```

解决方案二：

```
void main()
{
    int a,b,t;
    scanf("%d%d",&a,&b);
    if(a>b)
        {t=a;a=b;b=t;}
    printf("min=%d,max=%d\n",a,b);
}
```

运行结果：

```
1  2✓
min=1,max=2
```

重新运行：

```
2  1✓
min=1,max=2
```

（1）if 语句的两种基本结构及用法。

结构一 if...else 结构：

```
    if(条件表达式)
        语句 1
    else
        语句 2
```

执行过程：首先计算条件表达式的值，当条件为真时，执行其中一条语句，否则执行其中另外一条，即二选一，然后，顺序往下执行，如图 5-2 所示。

【例 5.2】输入两个整数，输出其中的大数。用 if...else 语句实现。

```
void main()
{
    int a,b;
    printf("input two numbers:    ");
```

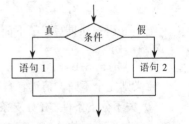

图 5-2 结构一对应流程图

```
    scanf("%d%d",&a,&b);
    if(a>b)
        printf("max=%d\n",a);
    else
        printf("max=%d\n",b);
}
```

分析与说明：若 a 大，则输出 a，否则输出 b。

结构二　if 结构：

```
if(表件表达式)
    语句
```

执行过程：首先计算表达式的值，当条件为真时，执行分支
语句，否则，跳过该语句，如图 5-3 所示。

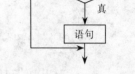

图 5-3　结构二对应流程图

【例 5.3】输入两个整数，输出其中的大数。用 if 语句实现。

```
void main()
{
    int a,b,max;
    printf("\n input two numbers:    ");
    scanf("%d%d",&a,&b);
    max=a;
    if(max<b) max=b;
    printf("max=%d",max);
}
```

分析与说明：把 a 先赋予变量 max，再用 if 语句判别 max 和 b 的大小，如 max 小于 b，则
把 b 赋予 max。因此 max 中总是大数，最后输出 max 的值。

两种 if 语句结构的区别：

结构一，为二选一执行，且必选一。

结构二，选择或不选择执行指定的分支语句。

（2）if 语句的使用说明：

① 关于分支语句。当要选择执行的语句有多条时，要将这些语句用{}括起来组成一条复合
语句。

例如，例 5.1 中解决方案二：

```
if(a>b)
    {t=a;a=b;b=t;}
```

上述 if 语句如果写成了下面代码：

```
if(a>b)
    t=a;a=b;b=t;
```

意义则完全不同，请读者自行分析。

② 关于分支条件。if 分支条件是用来作为分支（选择）执行的直接依据，按其值的真假与
否来选择执行不同的分支。其中，非零值代表条件真，零代表条件假，所以尽管条件表达式一
般为关系表达式或逻辑表达式，但也可为其他类型的任何合法表达式。

如下面代码，将引例代码的分支条件的形式稍作修改（将 n%2!=0 改为 n%2），效果完全相同。

```
void main()
{
```

```
    int  n;
    printf("input n:\n");
    scanf("%d", &n);
    if(n%2)            /*如果 n 为奇数，表达式 n%2 必为 "非零"，即可视为 "真" */
        printf("n=%d    YES.\n", n);    /*条件为 "真" 时要执行的语句*/
    else
        printf("n=%d    NO.\n", n);      /*条件为 "假" 时要执行的语句*/
}
```

2．if 语句的嵌套结构

（1）if 语句嵌套结构的用法。简单的 if 语句结构最多可完成两种选择，即最多两路分支。而要完成复杂的多路选择，可以嵌套使用 if 语句。

【例 5.4】有一分段函数：

$$y=\begin{cases}-1 & (x<0)\\ 0 & (x=0)\\ 1 & (x>0)\end{cases}$$

编写程序，根据输入的一个 x 值，输出 y 值。

解决方案一：在 if 分支嵌套。

```
void main()
{
    int x,y;
    scanf("%d",&x);
    if(x<=0)
        if(x<0)  y=-1;
        else y=0;
    else
        y=1;
    printf("y=%d\n",y);
}
```

方案一用流程图表示，如图 5-4 所示。

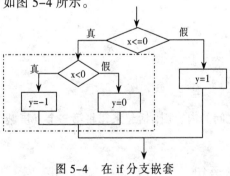

图 5-4   在 if 分支嵌套

解决方案二：在 else 分支嵌套。

```
void main()
{
    int x,y;
    scanf("%d",&x);
```

```
if(x<0)   y=-1;
else    if(x=0)    y=0;
        else y=1;
printf("y=%d\n",y);
}
```

方案二用流程图表示，如图 5-5 所示。

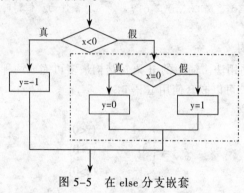

图 5-5   在 else 分支嵌套

（2）if 语句的嵌套与嵌套匹配原则。

if 语句允许嵌套。所谓 if 语句的嵌套是指在"语句组 1"或（和）"语句组 2"中，又包含有 if 语句的情况，用以实现多路分支。

if 语句嵌套时，else 子句与 if 的匹配原则：与在它上面、距它最近、且尚未匹配的 if 配对。

如下有面程序段：

```
int a=1,b=-1,c=1;
if(a<0)
    if(b<0)   c+=b;
    else   c+=a;
```

这里有两个 if 一个 else，那么此时 else 应同哪个 if 相匹配？接照上面的匹配原则，这个 else 应该同第二个 if 相匹配。

如果要使 else 同第一个 if 相匹配，该程序段应改为：

```
int a=1,b=-1,c=1;
if(a<0)
{
    if(b<0)   c+=b;
}
else
    c+=a;
```

即将第一个 if 和 else 之间的内容用{}括起来，将第二个 if 屏蔽到复合语中，这样 else 只能同第一个 if 相匹配。

5.2.4   switch 多路分支语句

用 if 语句只能进行两路选择，但在实现多路选择时须使用多个 if 语句嵌套完成，因此用 if 语句解决多路问题非常不方便，这时可利用 switch 语句实现多条件多分支程序设计。

1. switch 语句格式与用法

一般格式：

```
switch(表达式)
{
    case 常量表达式1:  语句1;
    case 常量表达式2:  语句2;
    …
    case 常量表达式n:  语句n;
    default:  语句 n+1;
}
```

格式说明：

（1）switch 是关键字，switch 语句后面用花括号括起来的部分称为 switch 语句体。

（2）紧跟在 switch 后一对括号的"表达式"可以是整型表达式及后面将要学习的字符型或枚举型表达式等。表达式两边的一对括号不能省略。

（3）case 也是关键字，与其后面的常量表达式合称为 case 语句标号。常量表达式的类型必须与 switch 后的表达式类型相同。

（4）default 也是关键字，起标号的作用，代表所有 case 标号之外的标号。default 标号可以出现在语句体中任何标号位置上。在 switch 语句体中也可以没有 default 标号。

（5）case 语句标号后的语句1、语句2等，可以是一条语句，也可以是若干条语句。

（6）必要时，case 语句标号后的语句可以省略不写。

（7）在关键字 case 和常量表达式之间一定要有空格，例如 case 10，不能写成 case10。

执行过程：

当执行 switch 语句时，首先计算紧跟在其后的一对括号中表达式的值，然后在 switch 语句体内寻找与该值吻合的 case 标号，如果有与该值相等的标号，则执行该标号后开始的各语句，包括在其后的所有 case 和 default 中的语句，直到 switch 语句体结束。如果没有与该值相等的标号，则从 default 标号后的语句开始执行，直到 switch 语句体结束。如果没有与该值相等的标号，且不存在 default 标号，则跳过 switch 语句体，什么也不做。

【例 5.5】根据输入的学生成绩，输出对应的等级。

源程序：

```
void main()
{
    int g ;
    printf("Enter a mark :   ");
    scanf("%d",&g);                    /*g 中存放学生的成绩*/
    switch(g/10)
    {
        case 10:
        case 9:  printf("A\n");
        case 8:  printf("B\n");
        case 7:  printf("C\n");
        case 6:  printf("D\n");
        default:  printf("E\n");
    }
}
```

分析与说明：

当执行以上程序输入一个 85 分的学生成绩后，接着执行 switch 语句，首先计算 switch 后一对括号中的表达式：85/10，它的值为 8；然后寻找与 8 吻合的 case 8 分支，开始执行其后的语句。

即当输入 85 时分，程序的输出结果如下：

```
Enter a mark :  85✓
B
C
D
E
```

在输出与 85 分相关的 B 之后，又同时输出了与 85 分毫不相关的等级 C、D、E，这显然不符合原意。解决这个问题只需在相应分支后加上 break。

2．break 语句在 switch 中的使用

switch 中的 break 用来跳出 switch 多路分支结构。

通常，在 switch 语句的每个 case 所代表的分支后一般要加上 break，这样，相应分支执行完毕，立即绕过剩余分支，跳出 switch 语句体。switch 语句通常总是和 break 语句联合使用，使得 switch 语句真正起到分支的作用。

所以，switch 语句更通用的格式如下：

```
switch(表达式)
{
    case 常量表达式 1：语句 1；break;
    case 常量表达式 2：语句 2；break;
    …
    case 常量表达式 n：语句 n；break;
    default：语句 n+1;
}
```

【例 5.6】根据输入的学生成绩，输出对应的等级（重写例 5.5）。

```
void main()
{
    int g;
    printf("Enter a mark :  ");
    scanf("%d",&g);                /*g 中存放学生的成绩*/
    switch(g/10)
    {
    case  10:
    case   9: printf("A\n"); break;
    case   8: printf("B\n"); break;
    case   7: printf("C\n"); break;
    case   6: printf("D\n"); break;
    default: printf("E\n");
    }
}
```

分析与说明：

（1）当给 g 输入 100 时，switch 后括号中的表达式 g/10 的值为 10。因此选择 case 10 分支，因为没有遇到 break 语句，所以继续执行 case 9 分支，在输出 A 之后，遇 break 语句，执行 break 语句，退出 switch 语句体。由此可见，成绩 90～100 分执行的是同一分支。

（2）当输入成绩为 45 时，switch 后括号中表达式的值为 4，将选择 default 分支，在输出 E 之后，退出 switch 语句体。

（3）当输入成绩为 85 时，switch 后括号中表达式的值为 8，因此选择 case 8 分支，在输出 B 之后，执行 break 语句，退出 switch 语句体。

最后，在使用 switch 语句时还应注意以下几点：

① 在 case 后的各常量表达式的值不能相同，否则会出现错误。

② 在 case 后，允许有多个语句，可以不用{}括起来。

③ 各 case 和 default 子句的先后顺序可以变动，而不会影响程序执行结果。

④ default 子句可以省略不用。

5.3　知识与技能扩展

5.3.1　语句标号

在 C 语言中，语句标号不必特殊加以定义，标号可以是任意合法的标识符，当在标识符后面加一个冒号时，如 "flag1:"、"stop0:"，该标识符就成了一个语句标号。注意：在 C 语言中，语句标号必须是标识符，因此不能简单地使用 "10:"、"15:" 等形式。标号可以和变量同名。通常，标号用作 goto 语句的转向目标。例如：

```
goto  stop;
```

在 C 语言中，可以在任何语句前加上语句标号。例如：

```
stop : printf("END\n");
```

5.3.2　goto 语句

goto 语句称为无条件转向语句，goto 语句的一般形式如下：

```
goto  语句标号;
```

goto 语句的作用是把程序的执行转向语句标号所在的位置，这个语句标号必须与此 goto 语句同在一个函数内。滥用 goto 语句将使程序的流程毫无规律，可读性差，对于初学者来说应尽量不用。

5.4　典　型　案　例

【案例 1】计算公倍数

编写程序，判断一个任意输入的自然数是否为 6 和 9 的公倍数流程图如图 5-6 所示。

算法分析：

根据公倍数的定义，两个自然数的公倍数是指能同时被这两个数相除的正整数。所以判断一个正整数 n 是否为 6 和 9 的公倍数，可按如下条件关系来判断：

```
n%6==0&&n%9==0
```

或写成：

```
!(n%6)&&!(n%9 )
```

或写成：
```
!(n%6||n%9 )
```
或写成：
```
n%6||n%9 ==0
```
源程序：
```c
void main()
{
    int  n;
    scanf("%d",&n );
    if(n%6==0&&n%9==0)
        printf("YES\n");
    else
        printf("NO\n");
}
```

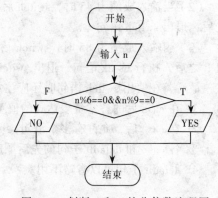

图 5-6　判断 6 和 9 的公倍数流程图

【案例 2】在三个变量中找大数

输入 3 个整数，输出最大的数，流程图如图 5-7 所示。

算法分析：

（1）假设第一个变量值最大。

（2）先后分别将其他两个变量同第一个相比较，如果发现任一变量比第一个变量大，则用这个变量覆盖这个变量。

源程序：
```c
void main()
{
    int a,b,c;
    scanf("%d%d%d",&a,&b,&c);
    if(a<b)  a=b;
    if(a<c)  a=c;
    printf("%d\n",a);
}
```

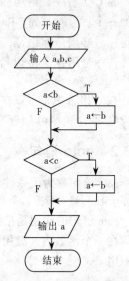

图 5-7　三个变量中找大数流程

【案例 3】对三个变量排序

输入 3 个整数，按从大到小的顺序输出它们的值，流程图如图 5-8 所示。

算法分析：

（1）只需对三个变量按其值大小进行由大到小排序，然后将变量值依次输出。

（2）先找出最大的放入第一个变量：

① 先将第一个变量同第二个变量比较，如第二个变量大，则将其同第一个交换。

② 再将第一个变量同第三个变量作相同的操作。

（3）最后比较第二和第三变量的大小。较大的放入第二个变量，较小的放入第三个变量。

源程序：
```c
void main()
{
```

```
    int a,b,c,t;
    scanf("%d%d%d",&a,&b,&c);
    if(a<b)  {t=a;a=b;b=t;}
    if(a<c)  {t=a;a=c;c=t;}
    if(b<c)  {t=b;b=c;c=t;}
    printf("%d,%d,%d\n",a,b,c);
}
```

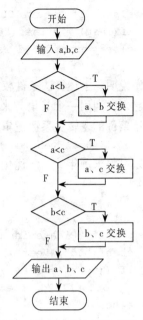

图 5-8　三个变量由大到小排序流程图

【案例 4】闰年计算

编写程序，从键盘上输入年份 year（4 位十进制数），判断其是否闰年。闰年的条件是：能被 4 整除、但不能被 100 整除，或者能被 400 整除。

算法分析：

（1）如果 X 能被 Y 整除，则余数为 0，即如果 X % Y 的值等于 0，则表示 X 能被 Y 整除。

（2）首先将是否闰年的标识 leap 预置为 0（非闰年），这样仅当 year 为闰年时将 leap 置为 1 即可。

程序流程图如图 5-9 所示。

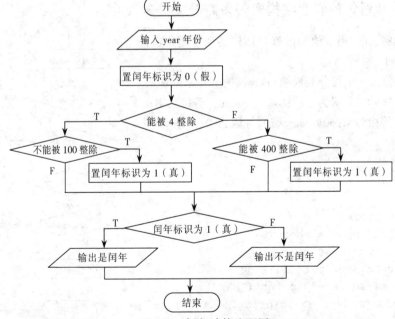

图 5-9　闰年计算流程图

源代码：

```
void main()
{
    int year,leap=0;
    printf("Please input the year:");
    scanf("%d",&year);
    if(year%4==0)  { if(year%100!=0)  leap=1;}
```

```
else { if (year%400==0)  leap=1; }
if(leap)  printf("%d is a leap year.\n",year);
else  printf("%d is not a leap year.\n",year);
}
```

程序说明：上述算法条件较多，用多个 if 语句来实出，实际上可以用逻辑表达式将上述条件综合起来，利用一个 if 语句来实现。

闰年条件的逻辑关系用逻辑表达式可表示为：

(year%4==0 && year%100!=0)||(year%400==0)

所以可将求闰年的算法优化为下面代码：

```
void main()
{
    int year;
    printf("Please input the year:");
    scanf("%d",&year);
    if ((year%4==0 && year%100!=0)||(year%400==0))
        printf("%d is a leap year.\n",year);
    else
        printf("%d is not a leap year.\n",year);
}
```

【案例5】用 if 语句的嵌套结构实现多路分支

改写本章例 5.6，用 if 语句的嵌套结构实现下面要求，流程图如图 5-10 所示。

从键盘上输入一个百分制成绩 score，按下列原则输出其等级：score≥90，等级为 A；80≤score<90，等级为 B；70≤score<80，等级为 C；60≤score<70，等级为 D；score<60，等级为 E。

源代码：

```
void main()
{
    int  score;
    printf("Input a score(0~100):");
    scanf("%d", &score);
    if(score>=90) printf("A\n");
    else if(score>=80)printf("B\n");
        else if(score>=70)printf("C\n");
            else if(score>=60)printf("D\n");
                else printf("E\n");
}
```

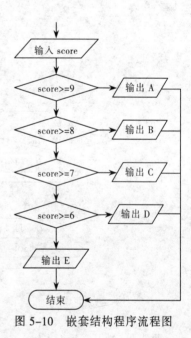

图 5-10　嵌套结构程序流程图

小　结

（1）C 语句大体可分为五类：控制语句、函数调用语句、表达式语句、空语句、复合语句。

（2）从程序流程的角度来看，程序可以分为三种基本结构，即顺序结构、分支结构、循环结构。这三种基本结构可以组成所有的各种复杂程序。

（3）顺序结构程序不涉及流程跳转，不需要专门的流程语句实现，而分支结构可实现编写功能更为强大的程序，更加符合实际需要。

（4）if 语句用来设计分支结构的程序，是分支结构的控制语句。而利用 switch 语句可实现多条件多分支程序设计。

（5）goto 语句称为无条件转向语句，滥用 goto 语句将使程序的流程毫无规律，可读性差，对于初学者来说应尽量不用。

习　　题

一、选择题

1. 为表示关系 $x \geq y \geq z$，使用的 C 语言表达式是（　　　）。

    A．(x>=y)&&(y>=z)　　　　　　　　B．(x>y)AND(y>=z)

    C．(x>=y>=z)　　　　　　　　　　　D．(x>=y)&(y>=z)

2. 以下程序的输出结果是（　　　）。

```
void main()
{
    int  a=2,b=-1,c=2;
    if(a<b)
    if(b<0)  c=0;
    else c+=1;
    printf("%d\n",c);
}
```

    A．0　　　　　　　B．1　　　　　　　C．2　　　　　　　D．3

3. 以下程序的输出结果是（　　　）。

```
void main()
{
    int  w=4,x=3,y=2,z=1;
    printf("%d\n",(w<x?w:z<y?z:x));
}
```

    A．1　　　　　　　B．2　　　　　　　C．3　　　　　　　D．4

4. 若执行以下程序时从键盘输入 3 和 4，则输出结果是（　　　）。

```
void main()
{
    int a,b,s;
    scanf("%d%d",&a,&b);
    s=a;
    if(a<b) s=b;
    s*=s;
    printf("%d\n",s);
}
```

    A．14　　　　　　　B．16　　　　　　　C．18　　　　　　　D．20

5. 下面的程序片段所表示的数学函数关系是（　　　）。
```
y=-1;
if (x!=0)y=1;
if (x>0)y=1;
else  y=0;
```

A. $y=\begin{cases} -1 & (x<0) \\ 0 & (x=0) \\ 1 & (x>0) \end{cases}$ B. $y=\begin{cases} 1 & (x<0) \\ -1 & (x=0) \\ 0 & (x>0) \end{cases}$

C. $y=\begin{cases} 0 & (x<0) \\ 0 & (x=0) \\ 1 & (x>0) \end{cases}$ D. $y=\begin{cases} -1 & (x<0) \\ 1 & (x=0) \\ 0 & (x>0) \end{cases}$

6. 运行以下程序后，输出（　　　）。
```
void main()
{
    int  k=-3
    if(k<=0)printf("****\n")
    else  printf("&&&&\n");
}
```
A. ****   B. &&&&
C. ####&&&&   D. 有语法错误不能通过编辑

7. 若 a 和 b 均是正整型变量，以下正确的 switch 语句是（　　　）。
```
{    case 1:case 3 :y=a+b;break;
     case 0:case 5 :y=a-b;
}
```
A. switch (pow(a,2)+pow(b,2))　　（注：调用求幂的数学函数）
B. switch (a*a+b*b);
```
{    case 3 :
     case 1:y=a+b;break;
     case 0:y=b-a;break;
}
```
C. switch a
```
{    default :x=a+b;
     case 10:y=a-b;break;
     case 11:x=a*b;break;
}
```
D. switch (a+b)
```
{    case 10:x=a+b;break;
     case 11:y=a-b;break;
}
```

二、填空题

1. 将下列数学式改写成 C 语言的关系表达式或逻辑表达式 A. _____ B. _____。
   A. a = b 或 a < c   B. |x| > 4

2．请输出以下程序的输出结果_____。

```
void main ()
{
    int  a=100;
    if(a>100) printf ("%d\n",a>100);
    else printf("%d\n",a<=100);
}
```

3．请写出与以下表达式等价的表达式 A．_____ B．_____。

A．! (X>0)　　　　　　　　　　　　B．! 0

4．当 a=1,b=2,c=3 时，以下 if 语句执行后，a、b、c 中的值分别为_____、_____、_____。

```
if (a>c)
    b=a;a=c;c=b;
```

5．若变量已正确定义，以下语句段的输出结果是_____。

```
x=0;y=2;z=3;
switch(x)
{   case  0: switch( y==2 )
    {   case  1:printf("*");break;
        case  2:printf("%");break;
    }
    case  1: switch( z )
    {   case  1:printf("$");
        case  2:printf("*");break;
        default:printf("#");
    }
}
```

第6章 循环结构

本章目标

所谓循环即指将指定语句或语句组（又称循环体）反复执行一定次数的过程。循环结构依靠循环语句来控制执行。通过本章的学习，读者应该掌握以下内容：

- while 语句和用 while 语句构成的循环结构。
- for 语句和用 for 语句构成的循环结构。
- do...while 语句和用 do...while 语句构成的循环结构。
- 循环结构的嵌套。
- 循环体中的 break 和 continue 语句。

6.1 引例分析

编一程序，判断任意一个大于 1 的自然数是否为素数（质数）。

算法分析：

根据素数的定义，素数是一个大于 1 且只能被 1 和自身整除的整数，如果能被这两个数之外的任何一个整数整除则不为素数。所以对于一个正整数 n 可按如下算法来认定其是否为素数：

（1）首先：让一个变量 i 从 2 开始来除以 n，如果不能整除，则继续下一步：使变量 i 增加 1，然后再来除以 n，如果还是不能整除，则继续……

（2）依此类推，到最后，即 i=n-1（即 2≤i<n 期间）时，还是不能整除 n，则说明 n 确实是一个质数。

（3）在上述过程中，如果某一个 i 值能够整除 n，则足以说明 n 不是素数，不需下一步，判断过程应立即结束。

算法流程图如图 6-1 所示：

源代码：

```
void main()
{
```

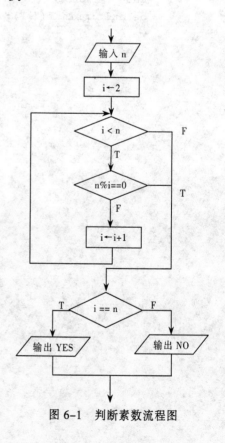

图 6-1 判断素数流程图

```
    int n,i ;
    scanf("%d",&n );
    for(i=2;i<n;i++)                    /*循环中 i 从 2 增加到 n-1*/
        if(n%i==0)  break ;             /*循环体，判断如 i 能整除 n，则终止循环*/
    if(i==n)                            /*根据 i 是否等于 n 来判断 n 是否为素数*/
        printf("YES\n");
    else
        printf("NO\n");
}
```

分析与说明：

（1）程序中的 for 语句为 C 语言中实现循环结构的控制语句。

（2）本例 for 语句中的表达式"i<n"为循环控制条件，即只有该条件成立，才能执行下一行语句所代表的循环体，否则，终止循环，执行循环体后续操作；表达式"i=2"是对循环控制变量 i 赋初值；而后面的"i++"表示每次执行循体后 i 都要自增 1。

（3）循环体中的 break 语句在循环结构中的作用是强制终止循环，执行循环体后续操作。

6.2　基本知识与技能

循环结构是程序设计中使用极为频繁，且非常重要的一种基本程序结构，几乎所有实用的程序都少不了有循环这种结构成分在内。

循环是指将指定语句或语句组重复执行一定次数的过程，而其中被重复执行的部分称循环体。在循环执行过程当中要满足一定的条件（循环条件），否则将终止循环。

C 语言提供了 while、for、do…while 三种语句实现循环，其中 while 和 for 结构更为接近，都是先判断循环条件，再根据条件决定是否执行循环体，执行循环体的最少次数为 0；而 do…while 先执行一次循环体,再判断循环条件以决定能否进入下轮循环,至少要执行一次循环体。

6.2.1　while 语句

【例 6.1】分别用 while 循环语句来求 1～100 的累计和。

```
void main()
{
    int i,sum=0;
    i=1;
    while(i<=100)
    {
        sum+=i;
        i++;
    }
    printf("sum=%d\n",sum);
}
```

运行结果：

sum=5050

1．while 循环的一般形式

```
while(循环条件)
    循环体
```

说明：

（1）while 是 C 语言的关键字。

（2）while 后一对圆括号中的表达式，可以是 C 语言中任意合法的表达式，由它来控制循环体是否执行。

（3）在语法上，要求循环体可以是一条简单可执行语句；若循环体内需要多个语句，应该用大括号括起来，组成复合语句。

执行过程可用图 6-2 所示流程图表示。

2．while 循环的执行过程

（1）计算 while 后一对圆括号中表达式的值。当值为非零时，执行步骤（2）；当值为零时，执行步骤（4）。

（2）执行循环体中语句。

（3）转去执行步骤（1）。

（4）退出 while 循环。

执行过程可用图 6-3 所示流程图表示。

由以上叙述可知，while 后一对圆括号中表达式的值决定了循环体是否执行，因此，进入 while 循环后，一定要有能使此表达式的值变为 0 的操作，否则，循环将会无限制地进行下去。

请注意，不要把由 if 语句构成的选择结构与由 while 语句构成的循环结构混同起来。若 if 后条件表达式的值为非零时，其后的 if 子句只执行一次；而 while 语句后条件表达式的值为非零时，其后的循环体中的语句将重复执行，而且在设计循环时，通常应在循环体内改变条件表达式中有关变量的值，使条件表达式的值最终变成 0，以便能及时退出循环。

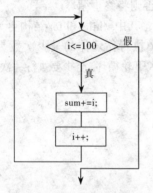

图 6-2 【例 6.1】的流程图

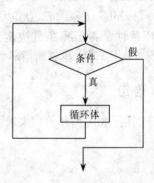

图 6-3 while 语句流程图

【例 6.2】用 $\pi/4=1-1/3+1/5-1/7+1/9-\cdots$ 公式求 π 的近似值，直到最后一项的绝对值小于 10^{-4} 为止。

```
#include  "math.h"          /*调用 fabs 函数时要求包含 math.h 文件*/
void main()
{
    int s;
    float n,t,pi;
    t=1.0;                   /*t 中存放每项的值，初值为 1 */
    pi=0;                    /* pi 中存放所求的 π 的值，初值为 0*/
    n=1.0;                   /*n 中存放每项分母*/
```

```
    s=1.0;                    /*s 中存放每项分子，其值按公式在 1 和-1 之间变化*/
    while(fabs(t)>=1e-4)
    {
        pi=pi+t;
        n+=2.0;
        s=-s;                 /*改变符号*/
        t=s/n;
    }
    pi=pi*4;
    printf("pi=%f\n",pi);
}
```

程序执行结果：

`pi=3.141397`

分析与说明：

本题的基本算法也是求累加和，但比例 6.1 稍为复杂。与例 6.1 比较，不同的是：

（1）用分母来控制循环次数，若用 n 存放分母的值，则每累加一次 n 应当增 2，每次累加的数不是整数，而是一个实数，因此 n 应当定义成 float 类型。

（2）可以看成隔一项的加数是负数，若用 t 来表示相加的每一项，因此，每加一项之后，t 的符号应当改变，这可用交替乘 1 和-1 来实现。

（3）从以上求 π 的公式来看，不能决定 n 的最终值应该是多少；但可以用最后一项 t（1/n）的绝对值小于 10^{-4} 来作为循环的结束条件。

6.2.2　for 语句

在 3 条循环语句中，for 语句最为灵活，最为简结，应用也最为广泛。

【例 6.3】分别用 for 循环语句来求 1～100 的累计和，流程图如图 6-4 所示。

```
void main()
{
    int i,sum=0;
    for(i=1;i<=100;i++)
        sum+=i;
    printf("sum=%d\n",sum);
}
```

程序运行情况如下：

`sum=5050`

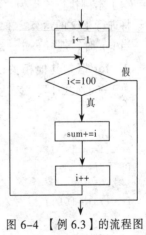

图 6-4 【例 6.3】的流程图

1. for 循环的一般形式

for(表达式 1;表达式 2;表达式 3)

　　循环体

说明：

（1）for 是 C 语言的关键字，其后的一对圆括号中通常含有

三个表达式，各表达式之间用 ";" 隔开。

（2）这三个表达式可以是任意形式的表达式。其中，第二个表达式为循环条件表达式。

（3）构成循环条件表达式的变量通常称为循环控制变量。一般情况下，第一个表达式用来对循环控制变量赋初值；第三个表达式用来改变或修正循环控制变量的值。

（4）紧跟在 for 之后的循环体，在语法上要求是一条语句；若在循环体内需要多条语句，应该用大括号括起来组成复合语句。

2．for 循环的执行过程

（1）计算"表达式 1"。

（2）计算"表达式 2"；若其值为非零，转步骤（3）；若其值为零，转步骤（5）。

（3）执行一次 for 循环体。

（4）计算"表达式 3"；转向步骤（2）。

（5）结束循环，执行 for 循环之后的语句。

执行过程可用图 6-5 所示流程图表示。

【例 6.4】 求 n!，即计算 $1 \times 2 \times 3 \times \cdots \times n$ 的值。

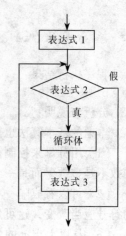

```c
void main()
{
    int  i,s,n ;              /*变量 s 放置连乘的积*/
    s=1;                      /*注意: s 的初值为 1*/
    printf("Enter  n : ");
    scanf("%d",&n); /*给 n 读入值, n 表示最后一个因子的值*/
    for(i=1;i<=n;i++)         /*用 n 作为循环的终值*/
       s=s*i;
    printf("s=%d\n",s);
}
```

图 6-5　for 语句流程图

分析与说明：

（1）以上程序是连乘算法的典型例题，与累加一样，连乘也是程序设计的基本算法之一。

（2）程序中 i 从 1 变化到 n，每次增 1。循环体内的表达式 s=s×i 用来进行连乘。

（3）在连乘算法中，存放连乘积的变量也必须赋初值，显然初值不能用 0。在本例中 s 的初值为 1。

（4）本例执行流程为：s 首先赋初值为 1，当 i=1 时，进行 1×1 的运算，给 s 赋 1，当 i=2 时，将进行 1×2 的运算，重新给 s 赋 2，当 i=3 时，将进行 2×3 的运算，重新给 s 赋 6，依此类推，当 i=n 时，进行 s×n 的运算，s 中最终将存入 1×2×3×…×n 的值。

3．for 语句其他相关说明

（1）"表达式 1"、"表达式 2"和"表达式 3"可部分缺省，甚至全部缺省，但其间的分号不能省略。

如：

```c
for(i=1;i<=100;i++)    sum+=i;
```

可写为：

```c
i=1;
for(;i<=100;)
{
    sum+=i;
    i++;
}
```

又如：

```c
for( ; ; )  printf("*");
```

三个表达式均省略，但因缺少条件判断，循环将会无限制地执行，而形成无限循环（通常称为永真循环或死循环）。

（2）当循环体语句组仅由一条语句构成时，可以不使用复合语句形式，如上例所示，否则应用 ｛｝ 括起来以组成一条复合语句。

（3）表达式 1 一般是给循环控制变量赋初值的赋值表达式，也可以是与此无关的其他表达式（如逗号表达式）。

例如：
```
for(sum=0;i<=100;i++)   sum+=i;
for(sum=0,i=1;i<=100;i++)   sum+=i;
```

（4）表达式 2 是一个逻辑量，除一般的关系（或逻辑）表达式外，也允许是数值（或字符）表达式。

（5）表达式 3 如果存在，则在每次循环体执行完后都要计算，一般跟修改循环控制变量有关。

6.2.3　do...while 语句

do...while 循环语句的特点是：先执行循环体语句组，然后再判断循环条件。这点跟其他两种循环语句不同。

【例 6.5】分别用 do...while 循环语句来求 1～100 的累计和，流程图如图 6-6 所示。

```
void main()
{
    int i=1,sum=0;
    do{
        sum+=i;
        i++;
    }while(i<=100);
    printf("sum=%d\n",sum);
}
```
执行结果同前面两种方法一样。

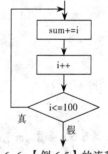

图 6-6　【例 6.5】的流程图

1．do...while 语句一般格式
```
 do
{
  循环体语句
} while(循环条件);
```
说明：

（1）do 是 C 语言的关键字，必须和 while 联合使用。

（2）do...while 循环由 do 开始，至 while 结束；必须注意的是：while(表达式)后的 ";" 不可丢，它表示 do...while 语句的结束。

（3）while 后一对圆括号中的表达式可以是 C 语言中任意合法的表达式，由它控制循环是否执行。

（4）按语法，在 do 和 while 之间的循环体只能是一条可执行语句；若循环体内需要多个语句，应该用大括号括起来，组成复合语句。

2. do...while 循环的执行过程

（1）执行 do 后面循环体中的语句。

（2）计算 while 后一对圆括号中表达式的值。当值为非零时，转去执行步骤（1）；当值为零时，执行步骤（3）。

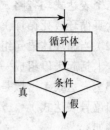

（3）退出 do...while 循环。

执行过程可用图 6-7 所示流程图表示。

do...while 语句比较适用于处理：不论条件是否成立，先执行 1 次循环体语句组的情况。

图 6-7　do...while 语句流程图

6.3　知识与技能扩展

6.3.1　循环结构的嵌套

一个循环体内又包含另外一个完整的循环结构，称为循环的嵌套。

内嵌的循环中还可以嵌套循环，这就是多重循环。

三种循环（while 循环、do...while 循环、for 循环）可以相互嵌套。例如，下面几种都是合法的嵌套形式：

```
①                      ②                      ③
while()                 do                      for(;;)
{                       {                       {
   ...                     ...                     ...
   do                      while()                 for(;;)
   {                       { ... }                 { ... }
      ...                  ...                      ...
   }while();             }while();               }
   ...
}
```

【例 6.6】多重 for 循环程序的演示。

```
void main()
{
    int i,j,k;
    printf("i j k\n");
    for(i=0;i<2;i++)
       for(j=0;j<2;j++)
          for(k=0;k<2;k++)
             printf("%d %d %d\n",i,j,k);
}
```

运行结果：

```
i j k
0 0 0
0 0 1
0 1 0
0 1 1
1 0 0
1 0 1
1 1 0
1 1 1
```

事实上，类似这些嵌套的循环结构在实际编程当中更为常见，单纯的单重循环程序反而并不多见。

【例 6.7】使用双层 for 循环打印下面的图形（见图 6-8）。

```
void main()
{
    int  k,i,j;
    for(i=1;i<=4;i++)
    {
        for(k=1;k<=4-i;k++)  printf(" ");
        for(j=1;j<=2*i-1;j++)   printf("*");
        printf("\n");
    }
}
```

```
      *
     ***
    *****
   *******
```
图 6-8　打印图形

分析与说明：

（1）以上程序由 i 控制的 for 循环中内嵌了两个平行的 for 循环。

（2）由 k 控制的 for 循环体只有一个语句，用来输出一个空格。

（3）由 j 控制的 for 循环体也只有一个语句，用来输出一个 "*" 号。

（4）变量 i、k、j 作为三个 for 循环的循环控制变量，决定了各自循环体的执行次数。变量 i 的变化反应行的变化，变量 i 范围反应总行数；变量 k 的范围反应了空格的输出个数；变量 j 的范围反应了 "*" 号的输出个数。

表 6-1 中列出了以上双重循环中 i，k 和 j 值的变化规律。

表 6-1　i，k 和 j 值的变化规律

i 的变化范围	k（1≤k≤4-i）的变化范围	j（1≤j≤2×i-1）的变化范围
i=1	1, 2, 3（当 k 为 4 时超出范围）	1（当 j 为 2 时超出范围）
i=2	1, 2（当 k 为 3 时超出范围）	1, 2, 3（当 j 为 4 时超出范围）
i=3	1（当 k 为 2 时超出范围）	1, 2, 3, 4, 5（当 j 为 6 时超出范围）
i=4	当 k 为 1 时超已出范围	1, 2, 3, 4, 5, 6, 7（当 j 为 8 时超出范围）
	（当 i 等于 5 时退出外循环）	

6.3.2　循环结构中的 break 和 continue

1. break 语句

break 语句的一般使用形式：

break;

break 语句的作用：

（1）break 语句通常用在循环语句和 switch 语句中。

（2）当 break 用于 switch 语句中时，可使程序跳出 switch 而执行 switch 以后的语句。break 在 switch 中的用法已在前面介绍多路分支语句时的例子中碰到，这里不再举例。

（3）当 break 语句用于 do...while、for、while 循环语句中时，可使程序终止循环而执行循环结构的后续语句。

（4）通常 break 语句总是与 if 语句联在一起。即满足条件时便跳出循环。

【例 6.8】break 控制语句在循环中的使用。

```
void main()
{
    int i,s;
    s=0;
    for(i=1;i<=10;i++)
    {
        s=s+i;
        if(s>5) break;
        printf("s=%d\n",s);
    }
}
```

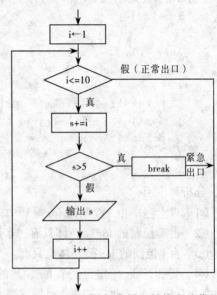

图 6-9　break 语句在循环结构中的作用

运行结果：

s=1

s=3

分析与说明：

在本例中，如果没有 break 语句，程序将进行 10 次循环；但当 i=3 时，s 的值为 6，if 语句中的表达式 s>5 的值为 1，于是执行 break 语句，跳出 for 循环，从而提前终止循环。其流程图如图 6-9 所示。

由上面流程图可直观得知，break 语句在循环中的作用为强制终止循环，为退出循环提供了另外一个出口（正常退出的出口为循环条件），可以形象地称之为循环控制结构的紧急出口。

2. continue 语句

continue 语句的一般形式为：

continue;

其作用是结束本次循环，即跳过本次循环体中余下尚未执行的语句，接着再一次进行循环的条件判定。

可形象地将其作用或功能描述为"循环体短路"，即循环体中余下的尚未执行的语句跳过（"短路"）。

需要注意的是，在 while 和 do…while 循环中，continue 语句使得流程直接跳到循环控制条件的测试部分，然后决定循环是否继续进行。在 for 循环中，遇到 continue 语句后，跳过循环体中余下的语句，而去对 for 语句中的"表达式 3"求值，然后进行"表达式 2"的条件测试，最后根据"表达式 2"的值来决定 for 循环是否执行。

【例 6.9】continue 控制语句在循环中的使用。

```
void main()
{
    int k=0,s=0,i;
    for(i=1;i<=5;i++)
    {
        s=s+i;
        if(s>5)
        {
            printf("****i=%d,s=%d,k=%d\n",i,s,k);    /*1#输出语句*/
```

```
        continue;
    }
    k=k+s;
    printf("i=%d,s=%d,k=%d\n",i,s,k);              /*2#输出语句*/
    }
}
```

运行结果：

```
i=1,s=1,k=1
i=2,s=3,k=4
****i=3,s=6,k=4
****i=4,s=10,k=4
****i=5,s=15,k=4
```

（1）当 i 为 1 和 2 时，并不执行 if 子句，仅执行 k=k+s 和 2#输出语句。

（2）执行第三次循环时，s 的值已是 6，这时表达式 s>5 的值为 1，因此执行 if 分支中的 1#输出语句和 continue 语句，并跳过 k=k+s 和 2#输出语句；接着执行 for 后面括号中的 i++，继续执行下一次循环。

（3）由输出结果可见，后面三次循环中的 k 值没有改变。

最后，将 break 语句和 continue 语句在三种循环语句中所起的作用利用流程图（图 6-10）表示出来。

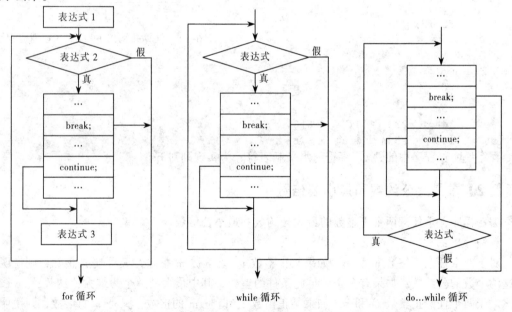

图 6-10　break 语句和 continue 语句在三种循环语句中的控制作用

6.4　典型案例

【案例 1】计算并输出 Fibonacci 数列

Fibonacci 数列的通项公式为：$F_{n+2} = F_{n+1} + F_n$（$n \geqslant 1$），已知 $F_1 = 1$，$F_2 = 1$，以每行五列打印

输出该数列的前 20 项。

算法分析：

（1）用 f1、f2、f3 代表相邻三项；

（2）首先输出开始两项（f1、f2 初始值 1）；

（3）然后根据前两项 f1、f2 计算下一项 f3 并输出，项数如能被 5 整除则输出对应项后输出换行；

（4）然后重新调整 f1、f2 值，返回到第（3）步，如此重复 18 次后结束。

算法流程图如图 6-11 所示。

程序源代码：

```c
void main()
{
    int f1=1,f2=1,f3,i;
    printf("%d\t%d\t",f1,f2);
    for(i=3;i<=20;i++)
    {
        f3=f2+f1;
        printf("%d\t",f3);
        if(i%5==0)  printf("\n");
        f1=f2;
        f2=f3;
    }
}
```

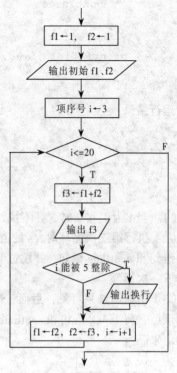

图 6-11　计算并输出 Fibonacci 数列流程图

运行结果：

```
1       1       2       3       5
8       13      21      34      55
89      144     233     377     610
987     1597    2584    4181    6765
```

程序说明：程序中的 "\t" 字符为水平制表符，为实现列对齐。

【案例 2】求最大公约数和最小公倍数

编一程序，求任意两个正整数的最大公约数和最小公倍数。

算法分析：

对于两个任意正整数 m 和 n，如果某正整数 i，既可被 m 整除，又可被 n 整除，则说明 i 为这两个数的公约数；如果有多个满足此条件的整数，其中最大的一个为最大公约数；

对于两个任意正整数 m 和 n，如果某正整数 i，既是 m 的倍数，又是 n 的倍数，则说明 i 为这两个数的公倍数；在众多满足此条件的整数中，最小的一个为最小公倍数；

对于任意两正整数 m 和 n，如果最大公约数为 i，最小公倍数为 j，则有：m×n=i×j 成立。即只要得出 i，便可求得 j；反之一样。

现以先求最大公约数入手，考虑到 1 肯定的 m 和 n 的公约数中最小的一个，而最大的公约数一定不会大于 m 和 n 中较小的那一个整数。可按如下办法来求得最大公约数 i。

（1）首先，比较 m 和 n，并将其中较小的赋值给 i（此时 i 所保存的不一定是公约数）。

（2）然后，依次用 i 去整除 m 和 n，如果可以同时整除，则此时 i 是它们的一个公约数，而且是最大的，这时算法完成，不用再求；

（3）如果上述情况不成立，即 i 不能够整除 m 或 n，则说明 i 不是它们的公约数，此时应将 i 减少 1，重复上面步骤；……依此类推。

（4）如果 i 减少过程中如果一直没有发现公约数，i 将会减到 1,此时必定可同时除整 m 和 n，即 1 为最大公约数。

算法流程图如图 6-12 所示：

源代码：

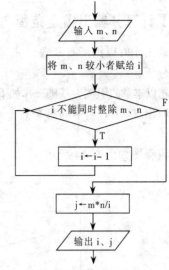

```c
void main()
{
    int m,n,i,j;
    scanf("%d%d",&m,&n);
    i=m;
    if(n<m)  i=n;
    for(;m%i!=0||n%i!=0;i--);    /*循环体为";",可称空循环*/
    j=m*n/i;
    printf("i=%d,j=%d\n",i,j);
}
```

图 6-12　计算最大公约数和最小公倍数流程图

程序说明：正常情况下，for 语句后一般没有 ";"，如果加上了 ";"，表示循环体为空。

【案例 3】用辗转相除法求最大公约数

编写程序，利用辗转相除法求任意两个正整数的最大公约数。

算法分析：

辗转相除法又称欧几里德算法，用于计算两个正整数的最大公约数。

（1）对于正整数 m 和 n，用 m 除以 n，余数的为 r，如果 r=0，则 n 正好是最大公约数；

（2）否则，将 m←n、n←r，再重复第（1）步，……依此类推直至 r 为 0。

算法流程图如图 6-13 所示：

源程序：

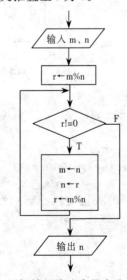

```c
void main()
{
    int m,n,r;
    scanf("%d%d",&m,&n);
    r=m%n;
    while(r!=0)
    {
        m=n;
        n=r ;
        r=m%n;
    }
    printf("%d\n",n);
}
```

图 6-13　用辗转相除法求最大公约数流程图

【案例 4】计算并输出指定范围内所有素数

编程输出 100 以内所有素数，分每行五列输出。

算法分析：

该问题以本章的引例为基础，作如下处理：

依次取出 2~100 当中的每个数（用 n 表示）——判断：如果 i 是素数则输出，否则继续判断下一个。

算法流程图如图 6-14 所示。

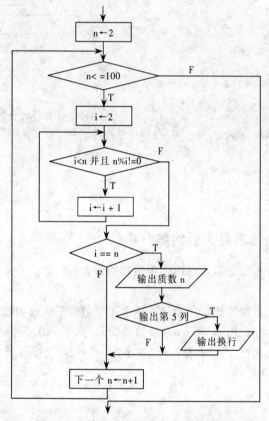

图 6-14　输出 100 以内所有素数流程图

源程序：

```
void main()
{
    int n,i,j=0;
    for(n=2;n<100;n++)
    {
        for(i=2;i<n&&n%i!=0;i++);        /*for 后的 ";" 表示循环体为空*/
        if(i==n)
        {
            printf("%d\t",n);
            j++;
            if(j%5==0)  printf("\n");
```

```
        }
    }
}
```

运行结果：

2	3	5	7	11
13	17	19	23	29
31	37	41	43	47
53	59	61	67	71
73	79	83	89	97

程序说明：

（1）程序中的语句"for(i = 2; i<n&&n%i!=0 ;i++);"为一空循环，等价为本章引例当中的 for 循环语句：

```
for(i=2;i<n;i++)
    if(n%i==0)  break;
```

（2）变量 j 记录当前的输出个数，如果能被 5 整除则要输出换行。

【案例 5】九九乘法表

编写程序，输出标准格式的九九乘法表。

算法分析：

（1）九九乘法表采用标准的行列结构，行列结构的内容一般要用嵌套的双重循环来输出。

（2）外循环控制行的变化，内循环控制列的变化。

（3）内循环的循环次数（列数）同当前行号相等。

算法流程图如图 6-15 所示。

源程序：

```
void main()
{
    int i,j;
    for(i=1;i<=9;i++)
    {
        for(j=1;j<=i;j++)
            printf("%d*%d=%2d\t",j,i,i*j);
        printf("\n");
    }
}
```

运行结果：

```
1*1= 1
1*2= 2  2*2= 4
1*3= 3  2*3= 6  3*3= 9
1*4= 4  2*4= 8  3*4=12  4*4=16
1*5= 5  2*5=10  3*5=15  4*5=20  5*5=25
1*6= 6  2*6=12  3*6=18  4*6=24  5*6=30  6*6=36
1*7= 7  2*7=14  3*7=21  4*7=28  5*7=35  6*7=42  7*7=49
1*8= 8  2*8=16  3*8=24  4*8=32  5*8=40  6*8=48  7*8=56  8*8=64
1*9= 9  2*9=18  3*9=27  4*9=36  5*9=45  6*9=54  7*9=63  8*9=72  9*9=81
```

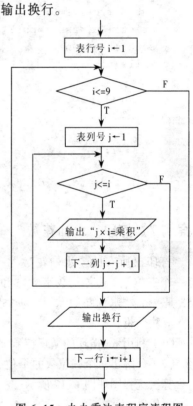

图 6-15　九九乘法表程序流程图

【案例6】整数的拆分

编写程序，输入一正整数，计算其各位上的数字之和及总位数。

算法分析：

主要的操作过程是要得到该整数的每一位数字，然后将其累加起来。

（1）用整型变量 n 保存输入的整数。

（2）得到 n 最后一位（整除 10 后的余数），然后将去掉最后一位以后的整数重新保存到 n。

（3）反复做第（2）步，直到 n 为 0。

（4）执行第（2）步过程中将每次得到的最后一位累加即可。

算法流程图如图 6-16 所示。

源程序：

```c
void main()
{ /*n为待拆分整数，r保存拆分后的每一位数，c为总位数，s为数字之和*/
    int n,r,c=0,s=0;
    printf("please input:");
    scanf("%d",&n);
    while(n!=0)
    {
        r=n%10;
        n/=10;
        c++;
        s+=r;
    }
    printf("s=%d,c=%d\n",s,c);
}
```

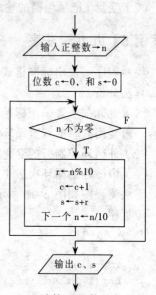

图 6-16 计算正整数的各位数字之和及总位数流程图

【案例7】打印"水仙花数"

打印出所有的"水仙花数"，所谓"水仙花数"是指一个三位数，其各位数字立方和等于该数本身。例如：153 是一个"水仙花数"，因为 $153=1^3+5^3+3^3$。

算法分析：

（1）利用 for 循环的循环控制变量来提供 100～999 之间的三位数。

（2）分解出每个三位数的个位、十位、百位，然后按"水仙花数"的定义来判别。

算法流程图如图 6-17 所示。

源代码：

```c
void main()
{
    int i,j,k,n;
    for(n=100;n<1000;n++)
    {
        i=n/100;                /*分解出百位*/
        j=n/10%10;              /*分解出十位*/
        k=n%10;                 /*分解出个位*/
```

```
    if(n==i*i*i+j*j*j+k*k*k)
    {
        printf("%-5d",n);
    }
    }
    printf("\n");
}
```

运行结果:

153 370 371 407

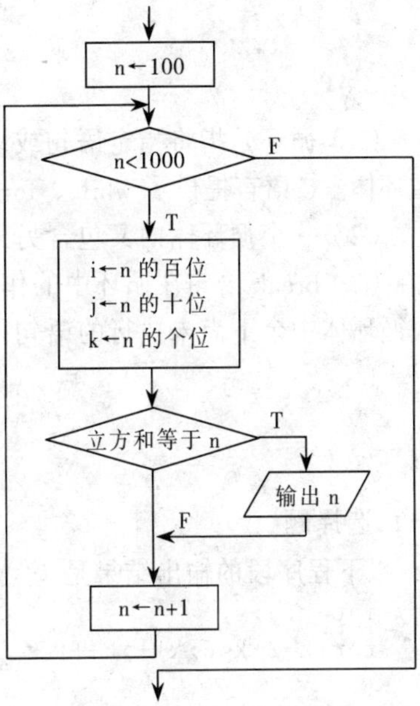

【案例 8】分解质因数

将一个正整数分解质因数。例如：输入 90，打印出
90=2*3*3*5。

算法分析：

对 n 进行分解质因数，应先找到一个最小的质数 i，
然后按下述步骤操作：

（1）如果这个质数恰等于 n，则说明分解质因数的过
程已经结束，打印出即可。

（2）如果 n<>i，但 n 能被 i 整除，则应打印出 i 的值，并用 n 除以 i 的商，作为新的正整数
n，重复执行本步骤。

（3）如果 n 不能被 i 整除，则用 i+1 作为 i 的值，重复
执行第一步。

算法流程图如图 6-18 所示。

源代码：

```
void main()
{
    int n,i;
    printf("\nplease input: ");
    scanf("%d",&n);
    printf("%d=",n);
    for(i=2;i<=n;i++)
    {
        while(n!=i)
        {
            if(n%i==0)
            {
                printf("%d*",i);
                n=n/i;
            }
            else  break;
        }
    }
    printf("%d",n);
}
```

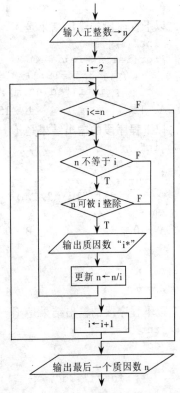

图 6-17 打印"水仙花数"流程图

图 6-18 分解质因数流程图

小　结

（1）循环是指将指定语句或语句组重复执行一定次数的过程，而其中被重复执行的部分称循环体。C语言提供了 while、for、do…while 三种语句实现循环。

（2）一个循环体内又包含另外一个完整的循环结构，称为循环的嵌套。

（3）break 语句在循环中的作用为强制终止循环；continue 作用是结束本次循环，即跳过本次循环体中余下尚未执行的语句。

习　题

一、选择题

1. 以下程序段的输出结果是（　　　）。

```
int k,j,s;
for(k=2;k<6;k++,k++)
{
    s=1;
    for(j=k;j<6;j++) s+=j;
}
printf("%d\n",s);
```

  A. 9   B. 1   C. 11   D. 10

2. 以下程序段的输出结果是（　　　）。

```
int  i,j,m=0;
for(i=1;i<=15;i+=4)
    for(j=3;j<=19;j+=4)  m++;
        printf("%d\n",m);
```

  A. 12   B. 15   C. 20   D. 25

3. 以下程序段的输出结果是（　　　）。

```
int n=10;
while(n>7)
{ n--;
  printf("%d\n", n);
}
```

  A. 10   B. 9   C. 10   D. 9

    9   8   9   8

    8   7   8   7

    7   6

4. 以下程序段的输出结果是（　　　）。

```
int x=3;
do
{
    printf("%3d", x-=2);
}
while (! (--x) );
```

  A. 1   B. 3　0   C. 1　-2   D. 死循环

5. 以下程序段的输出结果是（　　　　）。

```
void main()
{
    int  i,sum;
    for (i=1;i<6;i++ )   sum+=sum;
    printf("%d\n",sum);
}
```

A. 15　　　　　　　　B. 14　　　　　　　　C. 不确定　　　　　　D. 0

6. 以下程序段的输出结果是（　　　　）。

```
void main()
{
    int y=10;
    for( ;y>0;y--)
    if(y%3==0)
    { printf ("%d",--y);   continue;  }
}
```

A. 741　　　　　　　　B. 852　　　　　　　　C. 963　　　　　　　　D. 875421

7. 若 x 是 int 型变量，以下程序段的输出结果是（　　　　）。

```
for(x=3;x<6;x++)
    printf((x%2)?("**%d"):("##%d\n"),x);
```

A. **3　　　　　　　B. ##3　　　　　　　C. ##3　　　　　　　D. **3##4
　 ##4 **4　　　　　　　 **4##5 **5
　 **5 ##5

8. 以下程序段的输出结果是（　　　　）。

```
void main()
{
    int i;
    for(i=1;i<=5;i++ )
    {
        if(i%2) printf("*");
        else continue;
        printf("#");
    }
    printf("$\n");
}
```

A. *#*#*#$　　　　　　B. #*#*#$　　　　　　C. *#*#$　　　　　　D. #*#*$

9. 以下叙述正确的是（　　　　）。

A. do...while 语句构成的循环不能用其他语句构成的循环来代替

B. do...while 语句构成的循环只能用 break 语句退出

C. 用 do...while 语句构成循环时，只有在 while 后的表达式为非零时结束循环

D. 用 do...while 语句构成循环时，只有在 while 后的表达式为零时结束循环

10. 以下程序段的输出结果是（　　　　）。

```
void main()
{
    int x,i;
```

```
for(i=1;i<=100;i++)
{
    x=i;
    if(++x%2==0)
        if(++x%3==0)
            if(++x%7==0)
                printf("%d ",x);
}
```

   A. 39　81　　　　　　B. 42　84　　　　　　C. 26　68　　　　　D. 28　70

二、填空题

1. 当执行以下程序段后，i 的值是_____、j 的值是_____、k 的值是_____。

```
int  a,b,c,d,i,j,k;
a=10;b=c=d=5;i=j=k=0;
for(;a>b;++b)  i++;
while(a>++c)  j++;
do
{
    k++;
}while (a>d++);
```

2. 以下程序段的输出结果是_____。

```
int  k,n,m;
n=10;m=1;k=1;
while(k<=n)  m*=2;
printf("%d\n",m);
```

3. 以下程序段的输出结果是_____。

```
void main()
{
    int  x=2;
    while(x--);
    printf("%d\n",x);
}
```

4. 以下程序段的输出结果是_____。

```
int  i=0,sum=1;
do
{
    sum+=i++;
}while(i<5);
printf("%d\n",sum);
```

5. 有以下程序段：

```
s=1.0
for(k=1;k<=n;k++)
    s=s+1.0/(k*(k+1));
printf("%f\n",s);
```

请填空，使下面程序段的功能完全与之等同。

```
s=0.0;
```

```
    _____;
    k=0;
    do
    {s=s+d;
        _____;
        d=1.0/(k*(k+1));
    }while(_____);
    printf("%f\n",s);
```

6. 以下程序的功能是：从键盘上输入若干学生的成绩，统计并输出最高成绩和最低成绩，当输入负数时结束输入。请填空。

```
void main()
{
    float  x,amax,amin;
    scanf("%f\n",&x);
    amax=x;amin=x;
    while(_____)
    {
        if(x>amax)amax=x
        if(_____)amin=x;
        scanf("%f\n",&x);
    }
    printf("\namax = %f\namin =%f\n",amax,amin );
}
```

三、编程题

1. 编写程序，求 1-3+5-7+⋯-99+101 的值。

2. 编写程序，求 e 的值。e≈1+1/1!+1/2!+1/3!+1/4!+⋯+1/n!。

（1）用 for 循环，计算前 50 项。

（2）用 while 循环，要求直至最后一项的值小于 10^{-6}。

3. 编写程序，输出从公元 1600 年至 2000 年所有闰年的年号。每输出 5 个年号换一行。判断公元年是否为闰年的条件是：

（1）公元年数如能被 4 整除，而不能被 100 整除，则是闰年。

（2）公元年数如能被 400 整除也是闰年。

4. 编写程序，打印以下图形：

```
        *
       ***
      *****
     *******
      *****
       ***
        *
```

第7章 \\ 数 组

本章目标

通过本章的学习，读者应该熟练掌握以下内容:

- 一维数组、二维数组、字符数组及字符串相关知识。
- 掌握常用的字符串处理函数。
- 了解多维数组相关知识。

7.1 引 例 分 析

有一整数序列，包含有 10 个整数，编写一 C 程序，求其中最小整数及其在序列中的位置。

源程序:

```
#include <stdio.h>
void main()
{
    int i,i_min;
    int arr[10]={32,14,6,31,12,25,22,17,14,11};
    i_min=0;                              /*设最小元素下标(序号)为 0*/
    for(i=1;i<10;i++)
        if(arr[i]<arr[i_min])  i_min=i; /*如果 i 位置元素小，重新赋值 i_min*/
    printf("最小整数所处位置是: %d\n",i_min+1);
    printf("最小整数是: %d\n",arr[i_min]);
}
```

运行结果:

最小整数所处位置是: 3
最小整数是: 6

分析与说明:

（1）涉及对大量数据的处理一般要用到数组。

（2）程序中的 int arr[10]={32,14,6,31,12,25,22,17,14,11}表示定义具有 10 个整型元素的数组，数组名为 arr。

（3）变量 i_min 表示最小元素在数组中的下标（从 0 开始的序号），arr[i_min]则表示 i_min 位置处的数组元素。

7.2　基本知识与技能

数组在程序设计中，为了处理方便，把具有相同类型的若干变量按有序的形式组织起来。这些按序排列的同类数据元素的集合称为数组。在 C 语言中，数组属于构造数据类型。一个数组可以分解为多个数组元素，这些数组元素可以是基本数据类型或是构造类型。因此按数组元素的类型不同，数组又可分为数值数组、字符数组、指针数组、结构数组等各种类别。

7.2.1　一维数组

引例当中定义的数组实际上就是一个一维数组。

1．一维数组的定义方式

在 C 语言中使用数组必须先进行定义。

一维数组的定义方式为：

类型说明符　数组名[常量表达式]；

其中：

类型说明符是任一种基本数据类型或构造数据类型。

数组名是用户定义的数组标识符。

方括号中的常量表达式表示数据元素的个数，也称为数组的长度。

例如：

```
int a[10];          /*说明整型数组 a，有 10 个元素*/
float b[10],c[20];  /*说明实型数组 b，有 10 个元素，实型数组 c，有 20 个元素*/
```

对于数组类型说明应注意以下几点：

（1）数组的类型实际上是指数组元素的取值类型。对于同一个数组，其所有元素的数据类型都是相同的。

（2）数组名的书写规则应符合标识符的书写规定。

（3）数组名不能与其他变量名相同。

（4）方括号中常量表达式表示数组元素的个数，如 a[5]表示数组 a 有 5 个元素。但是其下标从 0 开始计算。因此 5 个元素分别为 a[0]、a[1]、a[2]、a[3]、a[4]。

（5）允许在同一个类型说明中，说明多个数组和多个变量。

例如：

```
int i,i_min,arr[10]
```

（6）不能在方括号中用变量来表示元素的个数，但是可以使用符号常数或常量表达式。

例如：

```
#define FD 5
void main()
{
    int a[3+2],b[7+FD];
    …
}
```

是合法的。

但是下述说明方式是错误的。

```
void main()
{
    int n=5,a[n];
    …
}
```

（7）数组名本质是一个地址量，代表数组在内存中的首地址。

2．一维数组元素的引用

数组元素是组成数组的基本单元。数组元素也是一种变量，其标识方法为数组名后跟一个下标。下标表示元素在数组中的顺序号。

数组元素的一般形式为：

数组名[下标]

其中下标只能为整型常量或整型表达式。如为小数时，C 编译将自动取整。

例如：

a[5]、a[i+j]、a[i++]

都是合法的数组元素。

数组元素通常也称为下标变量。必须先定义数组，才能使用下标变量。

要注意下标表达式的取值范围：

$0 \leqslant$ 下标表达式 $\leqslant$ 元素个数-1

在 C 语言中只能逐个地使用下标变量，而不能一次引用整个数组。通常情况下常用 for 结构来操作数组。

例如，输出含 10 个元素的数组应使用循环语句逐个输出各下标变量：

```
for(i=0;i<10;i++)
    printf("%d",a[i]);
```

而不能用一个语句输出整个数组。

下面的写法是错误的：

```
printf("%d",a);
```

【例 7.1】将数组元素按正序依次赋值，后按逆序依次输出。

```
void main()
{
  int i,a[10];
  for(i=0;i<=9;i++)
      a[i]=i;
  for(i=9;i>=0;i--)
      printf("%d ",a[i]);
}
```

3．一维数组的初始化

【例 7.1】采用用赋值语句对数组元素逐个赋值。除此之外，还可采用初始化赋值和动态赋值的方法。

数组初始化赋值是指在数组定义时给数组元素赋予初值。数组初始化是在编译阶段进行的。这样将减少运行时间，提高效率。

初始化赋值的一般形式为：

类型说明符 数组名[常量表达式]={值,…,值};

其中在{ }中的各数据值即为各元素的初值，各值之间用逗号间隔。

例如：

```
int a[10]={0,1,2,3,4,5,6,7,8,9};
相当于a[0]=0;a[1]=1...a[9]=9;
```

数组的初始化赋值可分为部分显式初始化格式和完全显式初始化格式：

（1）部分显式初始化格式。提供的初始值个数少于元素个数，这时用初始值依次填充前面的元素，余下元素自动赋 0 值。

例如：

```
int a[10]={0,1,2,3,4};
```

表示只给 a[0]~a[4] 5 个元素赋值，而后 5 个元素自动赋 0 值。

（2）全部初始化格式。提供的初始值个数同数组长度一致，这时也可以不给出数组元素的个数。

例如：

```
int a[5]={1,2,3,4,5};
```

这种情况一般写为：

```
int a[]={1,2,3,4,5};
```

可以在程序执行过程中，对数组作动态赋值。这时可用循环语句配合 scanf() 函数逐个对数组元素赋值，见下例。

【例 7.2】数组倒置问题。定义一个 10 个元素的一维数组，并从键盘输入元素值，然后将元素值从前向后倒置过来。

源程序：

```
void main()
{
    int i,t,a[10];
    for(i=0;i<10;i++)
        scanf("%d",&a[i]);
    for(i=0;i<10/2;i++)
    {
        t=a[i];a[i]=a[9-i];a[9-i]=t;
    }
    for(i=0;i<10;i++)
        printf("%d\t",a[i]);
    printf("\n");
}
```

程序算法分析：

首先，将第一项和最后一项交换，然后第二项和倒数第二项交换；

依此类推，要注意交换的次数（最后一次交换的位置）。交换过程如下图 7-1 所示。

7.2.2　二维数组

在 C 语言中，可以把一个二维数组看成一个特殊的一维数组，每个数组元素又是包含若干个

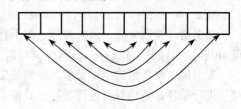

图 7-1　数组元素交换

元素的一维数组。

1. 二维数组的定义

二维数组定义的一般形式为：

<类型标识符><数组名>[<常量表达式1>][<常量表达式2>]

这里的方括号[]是下标运算符；<常量表达式1>代表第1维下标，定义数组的行数；<常量表达式2>代表第2维下标，定义数组的列数。

例如：

```
int a[3][4];
```

定义了一个三行四列的数组，数组名为a，其下标变量的类型为整型。该数组的元素共有3×4个。

假设定义数组a[3][4]和b[4][3]，在内存中的存储示意如图7-2和图7-3所示。数组a可以看做有3个"元素"的一维数组，这三个元素分别是a[0]，a[1]，a[2]，而每个元素又是一个有4个整型元素的一维数组；数组b可以看做有4个"元素"的一维数组，每个元素又是一个有3个整型元素的一维数组。因此a和b的"元素"个数不同，每个"元素"的大小也不同。

	a二维数组			
a[0]	1	2	3	4
a[1]	5	6	7	8
a[2]	9	10	11	12

图7-2　数组a[3][4]示意图

	b二维数组		
b[0]	1	2	3
b[1]	4	5	6
b[2]	7	8	9
b[3]	10	11	12

图7-3　数组b[4][3]示意图

既然a[0]，a[1]，a[2]是一维整型数组的数组名，那么它们就代表着一维整型数组的首地址，不是可以直接进行输入输出操作的真实意义上的元素。

二维数组在内存中的存放形式是按行存放的，下一行紧跟在上一行的尾部，按照a，b数组中的数字所标示的顺序。

二维数组定义中常见的错误是把行、列用一个方括号括起来，例如：int a[3,4];是错误写法。

2. 二维数组元素的引用

和一维数组元素的引用一样，二维数组元素也是通过数组名和下标来引用的，只是这里需要两个下标，如a[2][1]代表2行1列的元素。

例如：定义二维数组，

```
int a[3][4];
```

该数组的12个元素引用依次为：

```
a[0][0],a[0][1],a[0][2],a[0][3]
a[1][0],a[1][1],a[1][2],a[1][3]
a[2][0],a[2][1],a[2][2],a[2][3]
```

在引用二维数组时，最大的行、列下标都应比定义的值少1。如对于int a[3][4];就不能出现a[0][4]、a[1][4]、a[2][4]、a[3][4]、a[3][3]、a[3][2]、a[3][1]、a[3][0]这样的元素引用。

要引用二维数组的全部元素，即要遍历二维数组，通常应使用二层嵌套的for循环：外层对行进行循环，内层对列进行循环。其格式一般为：

```
for(i=0;i<=行数-1;i++)
    for(j=0;j<=列数-1;j++)
        { …a[i][j]…}
```

【例 7.3】定义一个 3×4（3 行 4 列）二维数组，按如图 7-4 所示的要求依次每个元素赋值并按行输出。

源程序：
```
#include <stdio.h>
void main()
{
    int i,j,a[3][4];
    for(i=0;i<3;i++)
        for(j=0;j<4;j++)
            a[i][j]=(i+1)*10+j+1;
    for(i=0;i<3;i++)
    {
        for(j=0;j<4;j++)
            printf("%5d ", a[i][j]);
        printf("\n");
    }
    printf("\n");
}
```

11	12	13	14
21	22	23	24
31	32	33	34

图 7-4　二维数组及元素赋值

运行结果：
```
11    12    13    14
21    22    23    24
31    32    33    34
```

程序说明：

上述程序首先定义一个二维数组，再对数组按行主序依次赋值，最后输出二维数组。

3．二维数组的初始化

二维数组初始化也是在类型说明时给各下标变量赋以初值。二维数组的初始化有以下四种形式：

（1）按行分段依次对二维数组赋初值。例如：

`int a[3][4]={{1,2,3,4},{5,6,7,8},{9,10,11,12}};`

（2）将所有数据写在一个花括号内，按数组元素排列顺序按行连续赋值。例如：

`int a[3][4]={1,2,3,4,5,6,7,8,9,10,11,12};`

（3）同一维数组一样，可以对部分元素显式赋初值。例如：

`int a[3][4]={{1, 2},{3, 4}};`

它的作用只是依次对前面的两行中的前两列元素赋初值，其余元素值自动赋值 0，故相当于（见图 7-5）：

`int a[3][4]={{1,2,0,0},{3,4,0,0},{0,0,0,0}};`

（4）同一维数组类似，二维数组初始化时，数组的行数在说明时可以不指定，但列数仍然不能缺省。此时可由提供的初始值个数推出来，例如：

`static int a[][4]={1,2,3,4,5,6,7,8};`

1	2	0	0
3	4	0	0
0	0	0	0

由每行 4 列可知，数组为 2 列。

又如：

`static int a[][4]={{1,2,3},{4,5,6,7},{8}};`

图 7-5　二维数组初始化

此时根据初始值的分段数可知，数组为 3 列。

【例 7.4】键盘输入一个四行四列二维数组（矩阵）值，然后沿主对角线转置后输出二维数组。

源程序：
```c
void main()
{
    int i,j,temp,a[4][4];
    for(i=0;i<4;i++ )
       for(j=0;j<4;j++ )
         scanf("%d",&a[i][j]);
    /*开始交换*/
    for(i=1;i<4;i++)
       for(j=0;j<i;j++)   /*此处条件 j<i 表示每行元素交换到对角线之前*/
       {
           temp=a[i][j];
           a[i][j]=a[j][i];
           a[j][i]=temp;
       }
    /*开始输出*/
    for(i=0;i<4;i++)
    {
       for(j=0;j<4;j++)
             printf("%6d",a[i][j]);
          printf("\n");
    }
}
```

运行时输入：
```
1   2   3   4
5   6   7   8
9   10  11  12
13  14  15  16
```

输出结果：
```
1    5    9    13
2    6    10   14
3    7    11   15
4    8    12   16
```

程序说明与分析：所谓矩阵转置即行列转换，只需将 a[i][j]
元素和 a[j][i]交换即可，如图 7-6 所示。

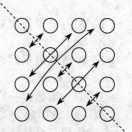

图 7-6　矩阵转置

7.2.3　字符数组及字符串

元素类型为字符型数据的数组称为字符数组。

1. 字符数组的定义

字符数组的定义形式如下：

char　<数组名>[<常量表达式>];

例如：

```
char c[10];
```

由于字符型和整型通用，也可以定义为 int c[10]但这时每个数组元素占 2 字节的内存单元。

字符数组也可以是二维或多维数组。

例如：

```
char c[3][10];
```

即为二维字符数组。

2．字符数组的初始化

字符数组也允许在定义时作初始化赋值。

例如：

```
char c[10]={'c', ' ', 'p', 'r', 'o', 'g', 'r', 'a','m'};
```

赋值后各元素的值为（见图 7-7）：

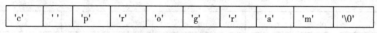

图 7-7　字符数组初始化

其中 c[9]为显式赋值，由系统自动赋予 0 值，ASCII 值为 0 的字符也即'\0'。

如果长度同初始化字符数相同，对其初始化时也可以省去长度说明。

例如：

```
char c[]={'c',' ','p','r','o','g','r','a','m'};
```

这时 C 数组的长度自动定为 9，如图 7-8 所示。

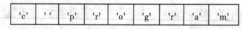

图 7-8　字符数组初始化缺省长度说明

3．字符数组元素的引用

字符数组引用同其他数组一样，通过对每个元素的下标变量访问来引用每个元素。

【例 7.5】引用字符数组的字符数据。

源程序：

```
void main()
{
  int i,j;
  char a[][7]={{'W','i','n','d','o','w','s'},{'L','i','n','u','x'}};
  for(i=0;i<2;i++)
  {
    for(j=0;j<7;j++)
        printf("%c",a[i][j]);
    printf("\n");
  }
}
```

运行结果：

```
Windows
Linux
```

程序说明与分析：

本例的二维字符数组由于在初始化时已对初始值按行分段，因此一维下标的长度可以不加以说明即可推断行数。

4．字符串和字符串结束标志

字符串是由一对双引号括起的字符序列。也可称为字符串常量。例如："CHINA"，"C program"，"$12.5" 等都是合法的字符串常量。

要注意字符串同字符常量的区别：

（1）字符常量由单引号括起来，字符串常量由双引号括起来。

（2）字符常量只能是单个字符，字符串常量则可以含一个或多个字符。

（3）字符常量占 1 字节的内存空间。字符串常量占的内存字节数等于字符串中字节数加 1。增加的一个字节中存放字符'\0'（ASCII 码为 0）。这是字符串结束的标志。

例如：

字符串"C program"在内存中所占的字节为：

'C'	' '	'p'	'r'	'o'	'g'	'r'	'a'	'm'	'\0'

字符常量'a'和字符串常量"a"虽然都只有一个字符，但在内存中的情况是不同的。

'a'在内存中占 1 字节，可表示为：

'a'

"a"在内存中占 2 字节，可表示为：

'a'	'\0'

在 C 语言中没有专门的字符串变量，通常用一个字符数组来存放一个字符串。当把一个字符串存入一个数组时，也把结束符'\0'存入数组，并以此作为该字符串是否结束的标志。有了'\0'标志后，就不必再用字符数组的长度来判断字符串的长度。

C 语言允许用字符串的方式对数组作初始化赋值。

例如：

```
char c[]={"C program"};
```

或 char c[]="C program";

用字符串方式赋值比用字符逐个赋值要多占 1 字节，用于存放字符串结束标志'\0'.

相当于以下方式初始化：

```
char c[]={'C',' ','p','r','o','g','r','a','m','\0'};
```

在初始化语句 char c[]="C program";中，'\0'是由 C 编译系统自动加上的。由于采用了'\0'标志，所以在用字符串赋初值时一般无须指定数组的长度，而由系统自行处理。

【例 7.6】求指定字符串的长度。

```
#include <stdio.h>
void main()
{
    char c[]="This is a string.";
    int i=0;
    while(c[i]!='\0') i++;
    printf("The length of the string is %d\n",i);
}
```

程序说明与分析：

当 i 指向结束标志时，while 循环退出，此时的 i 值正好等于字符串的有效长度（剔除结束标志时的长度）。

5．字符串的输入输出

在采用字符串方式后，字符数组的输入/输出将变得简单方便。

除了上述用字符串赋初值的办法外，还可用 printf()函数和 scanf()函数一次性输出、输入一个字符数组中的字符串，而不必使用循环语句逐个地输入输出每个字符。

【例 7.7】用 printf()函数整体输出字符串。

```
void main()
{
  char c[]="Windows\nLinux";
  printf("%s\n",c);
}
```

注意在本例的 printf()函数中，使用的格式字符串为"%s"，表示输出的是一个字符串。而在函数中给出数组名则可。不能写为：

```
printf("%s",c[]);
```

【例 7.8】用 scanf()整体输入字符串

```
#include <stdio.h>
void main()
{
    char st[15];
    printf("input string:\n");
    scanf("%s",st);
    printf("%s\n",st);
}
```

本例中由于定义数组长度为 15，因此输入的字符串长度必须小于 15，以留出 1 字节用于存放字符串结束标志'\0'。应该说明的是，对一个字符数组，如果不作初始化赋值，则必须说明数组长度。还应该特别注意的是，当用 scanf()函数输入字符串时，字符串中不能含有空格，否则将以空格作为串的结束符。

例如当输入的字符串中含有空格时，例如，输入以下字符

```
this is a book
```

输出为：

```
this
```

从输出结果可以看出空格以后的字符都未能输出。

7.3 知识与技能扩展

7.3.1 常用字符串处理函数

C 语言提供了丰富的字符串处理函数，可完成字符串的输入、输出、合并、比较、复制等功能。使用这些函数可大大减轻编程的负担。

用于输入/输出的字符串函数，在使用前应包含头文件 stdio.h，使用其他字符串函数则应包

含头文件 string.h。

下面介绍几个最常用的字符串函数。

（1）字符串输出函数 puts()。

格式：puts(字符数组名)

功能：把字符数组中的字符串输出到显示器。即在屏幕上显示该字符串。

【例 7.9】用 puts()函数输出字符串。

源程序：

```
#include <stdio.h>
void main()
{
    char c[]="Hello,world!";
    puts(c);
}
```

程序说明：效果基本上同 printf()函数，当需要按一定格式输出时，通常使用 printf()函数。

（2）字符串输入函数 gets()。

格式：gets(字符数组名)

功能：从标准输入设备键盘上输入一个字符串。

本函数得到一个函数值，即为该字符数组的首地址。

【例 7.10】用 gets()函数输入字符串。

源程序：

```
#include <stdio.h>
void main()
{
    char st[15];
    printf("input string:\n");
    gets(st);
    puts(st);
}
```

运行结果：

```
input string:
```

此时按提示输入：

```
Hello world.
```

回车后输出：

```
Hello world.
```

程序说明：可以看出当输入的字符串中含有空格时，输出仍为全部字符串。说明 gets()函数并不以空格作为字符串输入结束的标志，而只以回车作为输入结束。这是与 scanf()函数不同的。

（3）字符串连接函数 strcat。

格式：strcat(字符数组 1,字符数组 2)

功能：把字符数组 2 中的字符串连接到字符数组 1 中字符串的后面，并删去字符串 1 后的串标志'\0'。本函数返回值是字符数组 1 的首地址。

【例 7.11】字符串连接函数使用。

```
#include <stdio.h>
#include <string.h>
void main()
{
    static char st1[30]="My name is ";
    int st2[10];
    printf("input your name:\n");
    gets(st2);
    strcat(st1,st2);
    puts(st1);
}
```

程序说明：

① 本程序把初始化赋值的字符数组与动态赋值的字符串连接起来。

② 字符数组 1 应定义足够的长度，否则不能全部装入被连接的字符串。

③ 因为既有输入/输出函数，也有专用字符串函数，所以要包含头文件 stdio.h 和 string.h。

（4）字符串复制函数 strcpy()。

格式：strcpy（字符数组名 1,字符数组名 2）

功能：把字符数组 2 中的字符串复制到字符数组 1 中。串结束标志'\0'也一同复制。字符数组名 2，也可以是一个字符串常量。这时相当于把一个字符串赋予一个字符数组。

【例 7.12】字符串复制函数的使用。

```
#include <stdio.h>
#include <string.h>
void main()
{
    char st1[15],st2[]="C Language";
    strcpy(st1,st2);
    puts(st1);printf("\n");
}
```

程序说明：本函数要求字符数组 1 应有足够的长度，否则不能全部装入所复制的字符串。

（5）字符串比较函数 strcmp()。

格式：strcmp(字符数组 1,字符数组 2)

功能：按照 ASCII 码顺序比较两个数组中的字符串，并由函数返回值返回比较结果。

● 字符串 1==字符串 2，返回值等于 0；

● 字符串 2>字符串 2，返回值大于 0；

● 字符串 1<字符串 2，返回值小于 0。

本函数也可用于比较两个字符串常量，或比较数组和字符串常量。

【例 7.13】字符串比较函数使用

```
#include <stdio.h>
#include <string.h>
void main()
{
    int k;
    static char st1[15],st2[]="C Language";
    printf("input a string:\n");
```

```
    gets(st1);
    k=strcmp(st1,st2);
    if(k==0) printf("st1=st2\n");
    if(k>0) printf("st1>st2\n");
    if(k<0) printf("st1<st2\n");
}
```

程序说明：本程序中把输入的字符串和数组 st2 中的串比较，比较结果返回到 k 中，根据 k 值再输出结果提示串。

（6）测字符串长度函数 strlen()。

格式：strlen(字符数组名)

功能：测字符串的实际长度（不含字符串结束标志'\0'）并作为函数返回值。

【例 7.14】字符串长度函数使用。

```
#include <stdio.h>
#include <string.h>
void main()
{
    int k;
    static char st[]="C language";
    k=strlen(st);
    printf("The lenth of the string is %d\n",k);
}
```

7.3.2　多维数组

在 C 语言中可以定义二维以上最多 12 维的数组，要定义几维数组就需要几个用方括号括起来的下标。

定义多维数组的一般形式为：

<类型标识符><数组名>[e1][e2]…[en]

其中 ei 为值大于 0 的整型表达式。例如：

int a[2][3][4],b[2][3][4][5];

则数组 a 为三维整型数组，数组 b 为四维整型数组。

就像可以把二维数组看做"'元素'为一维数组的一维数组"一样，三维数组可看做"'元素'为二维数组的一维数组"，四维数组的理解依此类推。

7.4　典　型　案　例

【案例 1】选择法排序

用选择排序将指定的整数序列由小到大排序。

算法分析：

（1）本算法以引例题算法（找最小值）为基础。

（2）首先，从第一个元素开始，同其余元素相比，将找到的最小值同第一个元素交换；

（3）然后，从第二个元素开始，同后面其余元素相比，将找到的最小值同第二个元素交换；

依此类推，一直到最后两个元素也作同样操作。

算法流程图如图 7-9 所示。

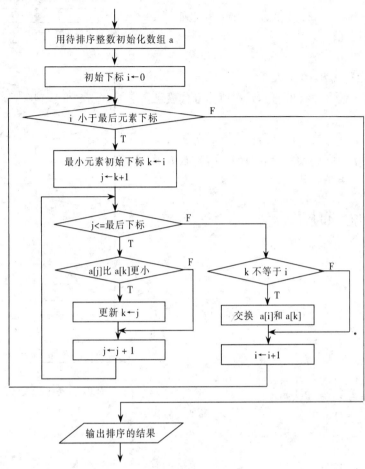

图 7-9　选择法排序流程图

源程序:

```
#include <stdio.h>
void main()
{
    int i,j,k,t,a[]={32,14,6,31,12,25,22,17,14,11};
    for(i=0;i<9;i++)
    {
        k=i;
        for(j=k+1;j<10;j++)
            if(a[j]<a[k])  k=j;
        if(k!=i) {t=a[i];a[i]=a[k];a[k]=t;}
    }
    for(i=0;i<10;i  ++)
        printf("%5d",a[i]);
    printf("\n");
}
```

【案例 2】约瑟夫环问题

10 个人排成一圈，1、2、3 报数，报到 3 出列，求最后一个出列的是第几位。

算法分析：

（1）用 10 个元素代表 10 个人。

（2）元素值为 1 代表没有出列，元素值为 0 代表已出列；

（3）用 n 记住出列人数，每出列一个，n 减去 1；

（4）当 n 为 9 时，停止报数（退出循环），检查数组元素值，不为 0 的元素值代表了最后一人，其下标加 1 即为所在位置。

算法流程图如图 7-10 所示。

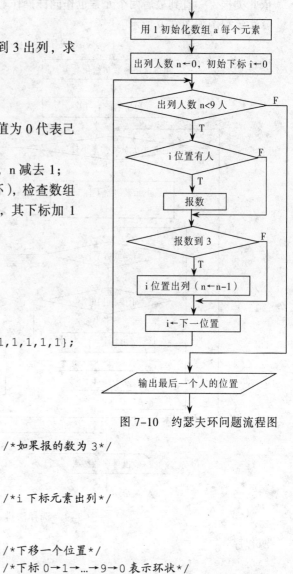

图 7-10　约瑟夫环问题流程图

源程序：

```c
#include <stdio.h>
void main()
{
    int i,n,k,a[10]={1,1,1,1,1,1,1,1,1,1};
    n=0;k=0;i=0;
    while(n<9)
    {
        if(a[i]!=0)  k++;
        /*如果该位置有人则报数 */
        if(k==3)                    /*如果报的数为 3*/
        {
            k=0;
            a[i]=0;                 /*i 下标元素出列*/
            n++;
        }
        i++;                        /*下移一个位置*/
        if(i==10)i=0;               /*下标 0→1→...→9→0 表示环状*/
    }
    for(i=0;a[i]==0;i++ );          /*值为时 0 循环，直到 1*/
    printf("%d\n",i+1) ;
}
```

【案例 3】筛选法求素数

用筛选法求 2~100 之间所有素数。

基本原理：

（1）先筛选最小的素数 2 的倍数。

（2）再筛选下一个最小素数 3 的倍数。

（3）再从下一个最小素数 5 开始筛选 5 的倍数。

（4）依此类推，直到下一个最小素数大于 100 的开平方时，停止筛选。

算法分析：

假设要求得 16 以内的所有素数，可按照下面的步骤：

（1）在数组中存放一下数据（元素为 1 表示被筛掉，0 表示没有被掉）。

0	1	2	3	4	5	6	7	8	9	10	11	12	13	14	15	16
1	1	0	0	0	0	0	0	0	0	0	0	0	0	0	0	0

（2）先筛选掉 2 的倍数。

0	1	2	3	4	5	6	7	8	9	10	11	12	13	14	15	16
1	1	0	0	1	0	1	0	1	0	1	0	1	0	1	0	1

（3）同理，继续筛选掉 3 的倍数．

0	1	2	3	4	5	6	7	8	9	10	11	12	13	14	15	16
1	1	0	0	1	0	1	0	1	1	1	0	1	0	1	1	1

（4）当要筛选 5 的倍数的时候，由于 5 大于 16 开平方所以整个过程也结束了。元素值为 0 的元素下标正好对应没有所筛的素数。

算法流程图如图 7-11 所示。

源代码：

```c
#include <stdio.h>
#include <math.h>
void main()
{
    int i,j,a[101]={1,1};
    i=2;
    while(i<=sqrt(100))
    {
        for(j=i+i;j<=100;j+=i)
        /*循环得素数 i 的所有倍数（100 以内）*/
            if(a[j]==0) a[j]=1;
        /*筛掉素数 i 的倍数 j*/
        while(a[++i]!=0);
        /*找到下一个素数*/
    }
    for(i=2;i<101;i++)
        if(a[i]==0) printf("%5d",i);
    printf("\n");
}
```

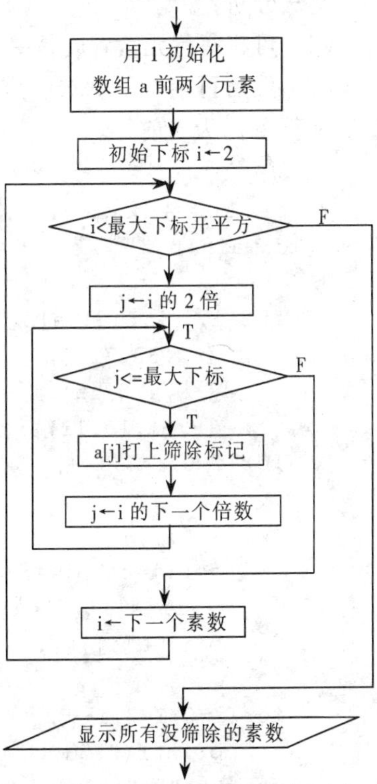

图 7-11　筛选法求素数流程图

程序说明：程序中的代码 while(a[++i]!=0);是一个空循环，循环体被移到了条件当中。

【案例 4】求矩阵对角线元素之和

求一个 3×3 矩阵对角线元素之和。

源程序：

```
void main()
{
    float a[3][3],sum=0;
    int i,j;
    printf("please input rectangle element:\n");
    for(i=0;i<3;i++)
       for(j=0;j<3;j++)
          scanf("%f",&a[i][j]);
    for(i=0;i<3;i++)
       sum=sum+a[i][i];
    printf("duijiaoxian he is %6.2f",sum);
}
```

程序说明：利用双重 for 循环控制输入二维数组，再将 a[i][i] 累加后输出。

【案例5】求二维数组每行元素最小值

将整型二维数组每行元素最小值赋值给一维数组。

算法分析：

（1）可将每行元素看成是一个一维数组。

（2）然后可参考引例求一维数组最小元素及下标的办法依次求得每行最小元素值的列下标，而行下标为当前行。

源程序：

```
#include <stdio.h>
void main()
{
    int i,j,k,b[3],a[3][4]={
        {12,32,7,8},
        {-9,4,0,45},
        {8,-1,10,11}};
    for(i=0;i<3;i++)       /*寻找 i 行最小值*/
    {
        k=0;               /*k 列为该行最小值，设第一列最小*/
        for(j=k+1;j<4;j++)
           if(a[i][j]<a[i][k])  k=j;
        b[i]=a[i][k];      /*i 行 k 列元赋值给一维数组 b[i]元素*/
    }
    for(i=0;i<3;i++)
        printf("%5d",b[i]);
    printf("\n");
}
```

程序说明：

（1）程序中第一个 for 语句中又嵌套了一个 for 语句组成了双重循环。

（2）外循环控制逐行处理，并把每行的 0 列号赋予 k。进入内循环后，把位于 k 列的元素与后面各列元素比较，并把比 k 列元素小的元素列号重新赋给 k。内循环结束时 k 列的元素即为该行最大的元素，然后把 a[i][k]值赋予 b[i]。

（3）等外循环全部完成时，数组 b 中已装入了 a 各行中的最大值。

（4）最后的 for 语句用于输出数组 b。

【案例6】字符统计

编写一程序，输入一行字符分别统计字母、数字、空格三类字符的个数，并输出字符串及统计结果。

算法分析：

（1）用字符数组来保存待统计字符。

（2）用循环的方式输入每个字符到字符数组，直到收到一个换行。

（3）在最后一个字符后加'\0'字符表示字符串结束标记。

（4）然后从字符数组保存的字符中依次读出每个字符进行统计，直到结束标记'\0'。

（5）输出字符串和统计结果。

源程序：

```
#include <stdio.h>
void main()
{
    int i,n1=0,n2=0,n3=0;char  c[80];
    i=0;
    while((c[i]=getchar())!='\n' )  i++;
    c[i]='\0';        /*将i位置上的'\n'用结束标记替换*/
    for(i=0;c[i]!='\0';i++ )
    {
        if(c[i]>='0'&&c[i]<='9') n1++;
        if(c[i]>='a'&&c[i]<='z'||c[i]>='A'&&c[i]<='Z')  n2++;
        if(c[i]==' ' )  n++;
    }
    printf("%s\n",c);          /*输出数组 c 中的字符串*/
    printf("%d,%d,%d\n",n1,n2,n3);
}
```

程序说明：其中，统计字符串的输入和输出可分别用 gets()函数和 puts()函数替换。则可改成如下代码形式：

```
#include <stdio.h>
void main()
{
    int i,n1=0,n2=0,n3=0; char  c[80];
    gets(c);        /*字符串输入，结束标记自动加上*/
    for(i=0;c[i]!='\0';i++ )
    {
        if(c[i]>='0'&&c[i]<='9') n1++;
        if(c[i]>='a'&&c[i]<='z'||c[i]>='A'&&c[i]<='Z')  n2++;
        if(c[i]==' ' )  n++;
    }
    puts(c);      /*输出数组 c 中的字符串,可自动输出换行*/
```

```
    printf("%d,%d,%d\n",n1,n2,n3);
}
```

【案例 7】字符串连接

编写程序，将现有两个字符数组中的字符串相连到前一个字符串后面。

算法分析：

（1）字符串相连虽有库函数可用，但本例要求自行编程实现。

（2）先找到前一字符串结束标记在数组中的下标位置。

（3）然后从此位置开始依次将第二个字符串的每个字符复制到上一字符串后面，直到第二个字符串的结束标记。

源程序：

```
#include <stdio.h>
void main()
{
    int i,j;
    char  c1[50]="Hello  ",c2[]="World";
    for(i=0;c1[i]!='\0';i++);   /* 找到结束标记时停止*/
        j=0;
    while(c1[i+j]=c2[j])j++;        /*不断循环赋值，当 c2[j]为结束标*/
    /*记时表达式为 0（假），因为'\0'ASCII 值为 0，此时退出循环。*/
    /*此条件表达方式具有一定技巧，要细细体会。*/
    puts(c1);
}
```

程序说明：语句 for(i = 0; c1[i] != '\0'; i++);表示的是一个空循环，循体隐藏在了条件表达式中，注意其后是分号不能省略。该语句作用是寻找第一个字符串结束标记位置。

【案例 8】多字符串的处理

编一程序，将多字符串保存到一个二维字符数组中然后依次输出。

算法分析：

（1）每个一维字符数组可存储一个字符串。

（2）二维字符数组可看成由多个一维字符数组组成，故可由它的每一行来保存一个字符串。

（3）二维数组名加行下标代表了该行对应的一维数组，即该行一维数的首地址，也是字符串的首地址。

源程序：

```
#include <stdio.h>
void main()
{
    int i;
    char c[][20]={"zhao","qian","sun","li","wang"};
    for(i=0;i<5;i++)
        printf("%s\n",c[i]);/*c[i]代表该行字符串的首地址*/
}
```

程序说明：二维数组名加行下标代表该行对应的一维数组。

小　结

（1）数组可以是一维的，二维的或多维的。常见的是一维和二维数组。

（2）数组类型说明由类型说明符、数组名、数组长度（数组元素个数）三部分组成。数组元素又称为下标变量。数组的类型是指下标变量取值的类型。

（3）对数组初始化时，可以缺省数组长度说明，长度可根据初始值个数推断得出。

（4）字符数组是元素类型为字符数据的数组，主要是用来保存和处理字符串。

习　题

一、选择题

1. 以下程序段的输出结果是（　　　）。

```
char s[]="\\141\141abc\t";
printf("%d\n",strlen(s));
```

 A. 9　　　　　　　　B. 12　　　　　　　　C. 13　　　　　　　　D. 14

2. 以下不能正确进行字符数组赋初值的语句是（　　　）。

 A. char str[5]="good!";　　　　　　　B. char str[]="good!";

 C. char str[]={"good!"};　　　　　　　D. char str[5]={'g','o','o','d'};

3. 以下程序段中，不能正确赋字符串（编译时系统会提示错误）的是（　　　）。

 A. char s[10]="abcdefg";　　　　　　　B. char t[]="abcdefg";

 C. char s[10];s="abcdefg";　　　　　　D. char s[10];strcpy(s,"abcdefg");

4. 以下能正确定义二维数组的是（　　　）。

 A. int a[][3];　　　　　　　　　　　　B. int a[][3]=2{2*3};

 C. int a[][3]={};　　　　　　　　　　　D. int a[2][3]={{1},{2},{3,4}};

5. 有以下程序：

```
void main()
{
    int x[]={1,3,5,7,2,4,6,0},i,j,k;
    for(i=0;i<3;i++)
        for (j=2;j>=i;j--)
            if(x[j+1]>x[j])
                { k=x[j];x[j]=x[j+1];x[j+1]=k;}
    for(i=0;i<3;i++)
        for(j=4;j<7-i;j++)
            if(x[j+1]>x[j])
                { k=x[j];x[j]=x[j+1];x[j+1]=k;}
    for (i=0;i<3;i++)
        for(j=4;j<7-i;j++)
            if(x[j]>x[j+1])
                { k=x[j];x[j]=x[j+1];x[j+1]=k;}
    for(i=0;i<8;i++)
        printf("%d",x[i]);
```

```
        printf("\n");
    }
```

程序运行后的输出结果是（   ）。

  A．75310246   B．01234567   C．76310462   D．13570246

6．以下叙述中错误的是（   ）。

  A．对于 double 类型数组，不可以直接用数组名对数组进行整体输入或输出

  B．数组名代表的是数组所占存储区的首地址，其值不可改变

  C．当程序执行中，数组元素的下标超出所定义的下标范围时，系统将给出"下标越界"的出错信息

  D．可以通过赋初值的方式确定数组元素的个数

7．有以下程序：

```
void main()
{
    int num[4][4]={{1,2,3,4},{5,6,7,8},{9,10,11,12},{13,14,15,16}};
    int i,j
    for(i=0;i<4;i++)
    {
        for(j=0;j<=i;j++) printf("%4c",' ');
        for(j=_____;j<4;j++)  printf("%4d",num[i][j]);
        printf("\n");
    }
}
```

若要按以下形式输出数组右上半三角：

```
1    2    3    4
     6    7    8
          11   12
               16
```

则在程序下画线处应填入的是（   ）。

  A．i-1   B．I   C．i+1   D．4-i

8．有以下程序：

```
void main()
{
    int aa[4][4]={{1,2,3,4},{5,6,7,8},{3,9,10,2},{4,2,9,6}};
    int i,s=0;
    for(i=0;i<4;i++)
        s+=aa[i][1];
    printf("%d\n",s);
}
```

程序运行后的输出结果是（   ）。

  A．11   B．19   C．13   D．20

二、填空题

1．以下程序运行后的输出结果是_____。

```
void main()
{
    char s[]="abcdef";
```

```
        s[3]='\0';
        printf("%s\n",s);
    }
```

2. 以下程序运行后的输出结果是_____。

```
    void main()
    {
        int p[7]={11,13,14,15,16,17,18};
        int i=0,j=0;
        while(i<7 && p[i]%2==1)
            j+=p[i++];
        printf("%d\n",j);
    }
```

3. 以下程序运行后的输出结果是_____。

```
    void main()
    {
        int a[4][4]={{1,2,3,4},{5,6,7,8},{11,12,13,14},{15,16,17,18}};
        int i=0,j=0,s=0;
        while(i++<4)
        {
            if(i==2||i==4)    continue;
            j=0;
            do{
                s+= a[j];
                j++;
            }while(j<4);
        }
        printf("%d\n",s);
    }
```

4. 从终端读入数据到数组中，统计其中正数的个数，并计算各数之和。

```
    void main()
    {
        int i,a[20],sum,count;
        sum=count=0;
        for(i=0;i<20;i++)
            scanf("%d", _____ );
        for(i=0;i<20;i++)
        {
            if(a[i]>0)
            {
                count++;
                sum+=_____  ;
            }
        }
        printf("sum=%d,count=%d\n",sum,count);
    }
```

5. 以下程序运行后的输出结果是_____。

```
    void main()
```

```c
{
    int i,j,a[][3]={1,2,3,4,5,6,7,8,9};
    for(i=0;i<3;i++)
        for(j=i+1;j<3;j++)
            a[j][i]=0;
    for(i=0;i<3;i++)
    {
        for(j=0;j<3;j++)
            printf("%d ",a[i][j]);
        printf("\n");
    }
}
```

6. 若有以下程序：

```c
void main()
{
    int a[4][4]={{1,2,-3,-4},
                 {0,-12,-13,14} ,
                 {-21,23,0,-24},
                 {-31,32,-33,0}};
    int i,j,s=0;
    for(i=0;i<4;i++)
    {
        for(j=0;j<4;j++)
        {
            if(a[i][j]<0)  continue;
            if(a[i][j]==0)  break;
            s+=a[i][j];
        }
    }
    printf("%d\n",s);
}
```

执行后输出结果是_____。

三、编程题

1. 从键盘输入 10 个整型数据，找出其中的最小值并显示出来。

2. 输入两个字符串，在字符串 1 中查找字符串 2，并返回字符串 2 在字符串 1 中第一次出现的位置。

3. 输入一个由若干单词组成的文本行（最多 80 个字符），每个单词之间用若干个空格隔开，统计此文本行中单词的个数。

4. 输入一串字符，分别统计其中数字和字母的个数。

第8章 函 数

本章目标

C 语言应用程序往往是由多个函数组成的，每个函数各自实现指定的功能。通过本章的学习，读者应掌握以下内容：

- 函数的定义与函数声明。
- 函数的调用。
- 函数的嵌套调用与递归调用。
- 数组作为函数参数。
- 变量的作用域。
- 变量的动态存储与静态存储。
- 内部函数与外部函数。

8.1 引 例 分 析

改写第 7 章案例 3 计算并输出 2～100 之间所有素数。

不同的是，这里要求用子函数来实现判别一个正整数是否为素数，然后在主函数中调用该函数。

算法分析：

（1）本引例实现的是第 7 章案例 3 一样的功能，所以基本步骤同第 7 章案例 3 相似。

（2）本引例同第 7 章案例 3 不同的地方是，将判断一个正整数是否为素数的这一过程改用子函数来实现，然后在 main()主函数中引用该函数。

这一改动实现了将较复杂的功能分割为相对简单的子功能，然后用子函数实现子功能。

程序源代码：

```
int isprime(int n);                /*函数的原型声明*/
void main()                        /*主函数 main()定义*/
{
    int i,j=0;
    for(i=2;i<100;i++)
    {
        if(isprime(i))             /*isprime(i)的值"真"，意味 i 为素数*/
        {
            printf("%d\t",i);
            if(j==4)  printf("\n"); /*0 代表第 1 列,4 代表第 5 列*/
```

```
        j=(j+1)%5;                          /*使j在0到4循环增加*/
    }
}
/*************************************************************/
/*函数名: isprime                                          */
/*作用: 判断形式参数n是否为素数                            */
/*返回值: 当n为素数, 返回真 (非0); 如n不为素数, 返回假 (0)。 */
/*************************************************************/
int isprime(int n)                    /*子函数isprime定义*/
{
    int i,lp=1;
    for(i=2;lp&&i<n;i++) lp=n%i;
    return lp;
}
```

运行结果:

2	3	5	7	11
13	17	19	23	29
31	37	41	43	47
53	59	61	67	71
73	79	83	89	97

分析与说明:

（1）C程序是以函数为基本单位，整个程序由函数组成，见第1章相关描述。

（2）函数 isprime()是用户自定义的函数，其功能是用来判断一个正整数是否为素数，在主函数 main()中调用该函数（isprime）来实现该函数的功能。

（3）C程序中对函数的使用涉及的操作有：函数的声明、函数的调用、函数的定义，在本例中的表达式 isprime(i)就是在调用 isprime()函数来判断 i 是否为素数。

（4）在不同函数中定义的同名变量互不相干，不要混淆。

8.2 基本知识与技能

函数是C源程序的基本模块，通过对函数模块的调用实现特定的功能。虽然在前面各章的程序中大都只有一个主函数 main()，但一个实用程序除了包含主函数外，还可能有其他的多个函数组成。因为一个实用程序其功能往往是比较复杂的，将所有的功能通过一个主函数来完成是行不通的，也是不利于团队协作来完成的，所以在实际的程序开发实践中，一般是要将一个复杂的功能层层分解成若干相对简单的基本功能，每个基本功能用一些函数封装并实现。

各种版本的C语言都提供了极为丰富的库函数，同时允许用户建立自己定义的函数。用户可把自己的算法编成一些相对独立的函数模块，然后用调用的方法来使用函数。C程序的全部工作都是由各式各样的函数完成的。

C程序的执行总是从 main()函数开始，完成对其他函数的调用后再返回到 main()函数，最后由 main()函数结束整个程序。一个C源程序必须有，也只能有一个主函数 main()。

由于采用了函数模块式的结构，C语言易于实现结构化程序设计。使程序的层次结构清晰，便于程序的编写、阅读、调试。

8.2.1　C 语言函数的分类

在 C 语言中可从不同的角度对函数进行分类。

1．从函数定义的角度分类

从函数定义的角度看，函数可分为库函数和用户定义函数两种。

（1）库函数：由 C 系统提供，用户无须定义，也不必在程序中作类型说明，只需要在程序前包含该函数原型的头文件即可在程序中直接调用。在前面各章的例题中反复用到 printf()、scanf()、getchar()、putchar()、gets()、puts()、strcat()等函数均属此类。

（2）用户定义函数：根据用户需要编写的函数。对于用户自定义函数，不仅要在程序中定义函数本身，而且在主调函数模块中还必须对该被调函数进行函数原型的说明，然后才能使用。在本章引例中的 isprime()函数即为自定义函数。

2．从主调函数是否要向被调函数传送数据的角度分类

从主调函数是否要向被调函数传送数据的角度看，又可分为无参函数和有参函数两种。

（1）有参函数：也称为带参函数。在函数定义及函数说明时都有参数，称为形式参数（简称为形参）。在函数调用时也必须给出参数，称为实际参数（简称为实参）。进行函数调用时，主调函数将把实参的值传送给形参，供被调函数使用。

如本章引例中的 isprime()即为有参函数，其中的 int　n 就是定义的一个形式参数，主函数中的表达式 isprime(i)就是在调用函数 isprime()，其中的 i 就是实际参数，所以在调用函数 isprime()时，会将实参 i 的值传递给形参。

（2）无参函数：函数定义、函数说明及函数调用中均不带参数。主调函数和被调函数之间不进行参数传送。此类函数通常用来完成一组指定的功能，可以返回或不返回函数值（详见例8.1）。

3．从有无返回值的角度分类

从有无返回值的角度看，又可把函数分为有返回值函数和无返回值函数两种。

（1）有返回值函数：此类函数被调用执行完后将向调用者返回一个执行结果，称为函数返回值。如本章引例中的 isprime()函数即为有返回值的函数，当 n 形式参数中为素数时，isprime()函数返回真，否则返回假。

由用户定义的这种要返回函数值的函数，必须在函数定义和函数声明中明确指出返回值的类型。

（2）无返回值函数：此类函数用于完成某项特定的处理任务，执行完成后不向调用者返回函数值。由于函数无须返回值，用户在定义此类函数时可指定它的返回为"空类型"，空类型的说明符为 void。

8.2.2　函数的定义与函数说明

1．函数的定义

任何函数（包括主函数 main()）都是由函数说明和函数体两部分组成。根据函数是否需要

参数,可将函数分为无参函数和有参函数两种。

（1）无参函数的一般形式：

```
函数类型  函数名()
{     说明语句部分;
      可执行语句部分;
}
```

【例8.1】无参函数的定义。

```
void  printstar()                        /*定义子函数 printstar()*/
{
    printf("************************************\n");
}
void  printmsg()                         /*定义子函数 printmsg()*/
{
    printf("          Hello,world\n");
}
void main()                              /*定义主函数*/
{
    printstar();                         /*调用子函数 printstar()*/
    printmsg();                          /*调用子函数 printmsg()*/
    printstar();                         /*调用子函数 printstar()*/
}
```

运行结果：

```
************************************
          Hello,world
************************************
```

（2）有参函数的一般形式：

```
函数类型  函数名(数据类型 参数1[,数据类型 参数2,…] )
{     说明语句部分;
      可执行语句部分;
}
```

有参函数比无参函数多了一个参数表。调用有参函数时，调用函数将赋予这些参数实际的值。为了与调用函数提供的实际参数区别开，将函数定义中的参数表称为形式参数表，简称形参表。

【例8.2】有参函数的定义。

定义一个函数,用于求两个数中的大数,然后在主函数中调用。

```
int max(int n1, int n2)                  /*定义一个函数 max,n1 和 n2 为形式参数*/
{
    return (n1>n2?n1:n2);
}
void main()                              /*定义主函数 main()*/
{
    int num1,num2,m;
    printf("input two numbers:\n");
    scanf("%d%d",&num1,&num2);
    m= max(num1,num2);                   /*调用子函数 max(),num1 和 num2 为实际参数*/
```

```
    printf("max=%d\n",m);
}
```

运行结果：

5 18↙

max=18

程序说明：

（1）上述程序由两个函数组成：main()和 max()。其中，max 即为一个有参函数，n1、n2 为两个形式参数，形参（n1、n2）值在函数被调用时由实参提供。

（2）程序由 main()为入口，当执行到 m= max(num1,num2);语句时，调用子函数 max()，此时，暂停主函数，转去执行 max()函数，同时将实参(num1、num2)值依次传递给形参（n1、n2）。

（3）当 max()函数执行完毕时，通过 return 返回一个 int 型值到 main()函数的暂停处继续后面语句的执行。

需要说明的是，函数定义不允许嵌套。在 C 语言中，所有函数（包括主函数 main()）都是平行的。一个函数的定义可以放在程序中的任意位置，主函数 main()之前或之后。但在一个函数的函数体内，不能再定义另一个函数，即不能嵌套定义。

2．函数类型与函数的返回值

（1）函数类型。在定义函数时，对函数类型的说明，应与 return 语句中返回值表达式的类型一致。如果不一致，则以函数类型为准。如果缺省函数类型，则系统一律按整型处理。

应养成良好的程序设计习惯，为了使程序具有良好的可读性并减少出错，凡不要求返回值的函数都应定义为空类型（void）；即使函数类型为整型，也不使用系统的缺省处理。

（2）函数返回值与 return 语句。函数返回值是指函数返回到主调函数时所带回的值。有的函数有返回值，有的函数没有返回值。

函数的返回值，是通过函数中的 return 语句来获得的。

① return 语句的一般格式：

return 返回值表达式;

或者

return (返回值表达式);

② return 语句的功能：返回调用函数，并将"返回值表达式"的值带给调用函数。

注意：调用函数中无 return 语句，并不是不返回一个值，而是一个不确定的值。为了明确表示不返回值，可以用"void"定义成"无（空）类型"。

③ 无返值函数的返回。无返值函数在执行到该函数最后一个"}"位置时自动返回，如果中途强制返回可以用不带表达式的 return 语句。格式为：return。

有返值和无返值函数定义举例。

【例 8.3】有返值函数的定义。编写求和函数 sum，计算 1+2+3+…+n。

```
/***************************************************/
/*函数名: sum                                       */
/*作用: 计算 1 一直累加到形式参数 n 之和: 1+2+3+…+n    */
/*返回值: 所求得的累加和                             */
/***************************************************/
int sum(int n)              /*定义一有返值函数 sum(),返回类型为 int*/
```

```
{
int res=0;
    while(n)
    {
        res+=n;
        n--;
    }
    return res;                    /*返回int型变量res的值*/
}
void main()                        /*定义主函数main()*/
{
    int n,s;                       /*此处定义的变量n与sum中的变量n是两不同变量*/
    printf("please input:");
    scanf("%d",&n);
    s=sum(n);                      /*调用子函数sum(),返回结果赋值到s*/
    printf("1+...+%d=%d\n",n,s);
}
```

运行结果:

```
please input:100✓
1+...+100=5050
```

程序说明:

（1）上述函数sum()为一个有返回值的函数。函数类型为int型，即函数返回类型为int型。

（2）函数sum()中最后一条语句return res;表示函数返回时将res变量值作为函数的返回值。

（3）语句s=sum(n);表示将函数调用后的返回值赋值给变量s。

【例8.4】无返回值函数的定义。编写输出n个连续"*"字符的函数p_star()，然后在主函数中调用。

```
/**********************************************************/
/*函数名: p_star                                         */
/*作用: 输出n个连续"*"字符                                */
/*返回值: 无                                              */
/**********************************************************/
void p_star(int n)                 /*定义子函数p_star*/
{
    while(n--) printf("*");
}
void main()                        /*定义主函数,调用p_star,打印三角图案*/
{
    int i;
    for(i=1;i<=4;i++)
    {
        p_star(i);                 /*输出i个星号*/
        printf("\n");
    }
}
```

运行结果：

```
*
**
***
****
```

3. 函数的声明

在前面的实例中，对于用户自定义的子函数都采取了"先定义，后使用（调用）"的模式。但是，在实际应用中，函数的定义往往在调用点之后，甚至可能不在同一个源文件中，这种情况下，应该遵循"先声明，后调用"的原则。

对被调用函数进行声明，采取原型声明格式，具体如下：

（1）函数类型：函数名（数据类型 1, 数据类型 2…）；

（2）函数类型：函数名（数据类型 1　参数名 1, 数据类型 2　　参数名 2…）；

第（1）种形式是基本形式。为了便于阅读程序，也允许在函数原型中加上参数名，就变成第（2）种形式。但编译系统不检查参数名，因此参数名是什么都无所谓。

下面的【例 8.5】就对【例 8.4】作了少量修改，将子函数的定义搬到了主函数之后。

【例 8.5】改写例 8.4，对被调用函数加上原型声明。

```
void p_star(int n);              /*声明函数p_star()原型*/
void main()                      /*定义主函数,调用p_star(),打印三角图案*/
{
    int i;
    for(i=1;i<=4;i++)
    {
        p_star(i);               /*输出 i 个星号*/
        printf("\n");
    }
}
void p_star(int n)               /*定义子函数p_star()*/
{
    while(n--) printf("*");
}
```

有以下三点需要说明：

① 以前版本的 C 语言函数声明方式不采用函数原型，而只声明函数名和函数类型，不包括参数类型和参数个数。系统不检查参数类型和参数个数。新版本也兼容这种用法，但不提倡这种用法。

② 当被调用函数的函数定义出现在调用函数之前时，可以省去对被调用函数的声明。因为在调用之前，编译系统已经知道了被调用函数的函数类型、参数个数、类型和顺序。

③ 不少 C 语言教材说，如果函数类型为整型，可以在函数调用前不必作函数声明。但是使用这种方法时，系统无法对参数的类型做检查。因此，为了程序清晰和安全，建议都加上声明。

注意：函数的定义和声明的区别。定义是指对函数功能的确立，包括指定函数名、函数值类型、形参及其类型、函数体等，它是一个完整的、独立的函数单位。声明的作用则是把函数的名字、函数类型以及形参的类型、个数和顺序通知编译系统，以便在调用该函数时系统按此进行对照检查。

8.2.3　函数的调用

1. 函数的调用

在程序中,是通过对函数的调用来执行函数体的,其过程与其他语言的子程序调用相似。C语言中,函数调用的一般形式为:

函数名([实际参数表]);

切记:实参的个数、类型和顺序,应该与被调用函数所要求的参数个数、类型和顺序一致,才能正确地进行数据传递。

在C语言中,可以用以下几种方式调用函数:

(1)函数表达式。函数作为表达式的一项出现在表达式中,以函数返回值参与表达式的运算。这种方式要求函数是有返回值的,如 s=sum(n);。

(2)函数语句。C语言中的函数可以只进行某些操作而不返回函数值,这时的函数调用可作为一条独立的语句,如 p_star(i);。

(3)函数实参。函数作为另一个函数调用的实际参数出现。这种情况是把该函数的返回值作为实参进行传送,因此要求该函数必须是有返回值的,如 printf("max=%d\n", max(num1,num2));。

说明:

① 调用函数时,函数名称必须与具有该功能的自定义函数名称完全一致。

② 实参在类型上按顺序与形参必须一一对应和匹配。如果类型不匹配,C编译程序将按赋值兼容的规则进行转换。如果实参和形参的类型不赋值兼容,通常并不给出出错信息,且程序仍然继续执行,但得不到正确的结果。

③ 如果实参表中包括多个参数,对实参的求值顺序随系统而异。有的系统按自左向右顺序求实参的值,有的系统则相反。Turbo C 和 Visual C 是按自右向左的顺序进行的。

2. 形参和实参

前面已经介绍过,函数的参数分为形参和实参两种。在本小节中,进一步介绍形参、实参的特点和两者的关系。形参出现在函数定义中,在整个函数体内都可以使用,离开该函数则不能使用。实参出现在主调函数中,进入被调函数后,实参变量也不能使用。形参和实参的功能是作数据传送。发生函数调用时,主调函数把实参的值传送给被调函数的形参从而实现主调函数向被调函数的数据传送。

函数的形参和实参具有以下特点:

(1)形参变量只有在被调用时才分配内存单元,在调用结束时,即刻释放所分配的内存单元。因此,形参只有在函数内部有效。函数调用结束返回主调函数后则不能再使用该形参变量。

(2)实参可以是常量、变量、表达式、函数等,无论实参是何种类型的量,在进行函数调用时,它们都必须具有确定的值,以便把这些值传送给形参。因此应预先用赋值、输入等办法使实参获得确定值。

(3)实参和形参在数量、类型、顺序上应严格一致,否则会发生"类型不匹配"的错误。

(4)函数调用中发生的数据传送是单向的。即只能把实参的值传送给形参,而不能把形参的值反向地传送给实参。因此在函数调用过程中,形参的值发生改变,而实参中的值不会变化。

【例 8.6】实参向形参传递数据,编写一个函数交换两变量的值。

```c
void swap(int x,int y);              /*说明子函数*/
void main()
```

```
{
    int a, b;
    printf("please input two number:");
    scanf("%d%d",&a,&b);
    printf("a=%d,b=%d\n",a, b);
    swap(a,b);                          /*调用子函数，参数传递: a→x,b→y*/
    printf("a=%d,b=%d\n",a, b);
}
void swap(int x,int y)                  /*定义子函数*/
{
    int  temp;
    printf("----------------swap begin----------------\n");
    printf("before exchange:x=%d,y=%d\n",x, y);
    temp=x;
    x=y;
    y=temp;
    printf("after exchange:x=%d,y=%d\n",x, y);
    printf("----------------swap end----------------\n");
}
```

运行结果:

```
please input two number:3 4✓
a=3,b=4
----------------swap begin----------------
before exchange:x=3,y=4
after exchange:x=4,y=3
----------------swap end----------------
a=3,b=4
```

程序分析说明:

（1）本程序定义了子函数 swap()，作用为交换形式参数 x、y 的值。

（2）语句 swap(a,b);为调用函数 swap()，实际参数为 a、b，调用过程中实参 a、b 向形参 x、y 传递了参数值，使形参得到了初始数据，并通过代码交换了 x、y 的值。

（3）返回到主函数后，发现实参 a、b 的值并未随形参值的变化而变化。

上面程序的运行结果也反映了实参和形参分别对应着不同的存储单元，同时实参和形参传输数据的过程是单向的，即实参向形参传递数据，形参的变化不会影响实参。其传递过程如图 8-1 所示。

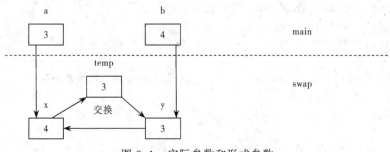

图 8-1　实际参数和形式参数

8.2.4 函数的嵌套调用与递归调用

1. 函数的嵌套调用

函数的嵌套调用是指在执行被调用函数时，被调用函数又调用了其他函数。例如，通过主函数 main()调用子函数 f1()，子函数 f1()中又调用了子函数 f2()。这种函数调用情况在实际编程应用中更为常见。其调用关系如图 8-2 所示。

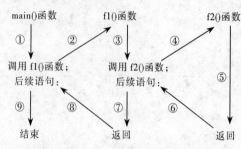

图 8-2　函数的嵌套调用

其执行过程是：

（1）执行 main()函数开头部分。

（2）遇到调用 f1()函数的操作语句，流程转去 f1()函数。

（3）执行 f1()函数的开头部分。

（4）遇到调用 f2()函数的操作语句，流程转去 f2()函数。

（5）执行 f2()函数，如果再无其他嵌套的函数，则完成 f2()函数的全部操作。

（6）返回调用 f2()函数处，即返回 f1()函数。

（7）继续执行 f1()函数中尚未执行的部分，直到 f1()函数结束。

（8）返回 main()函数中调用 f1()函数处。

（9）继续执行 main()函数的剩余部分直到结束。

注意： C 语言不能嵌套定义函数，但可以嵌套调用函数。

【例 8.7】 计算 $s=1^k+2^k+3^k+\cdots+n^k$

```
long  add_power(int n,int k);        /*计算1的k次方到n的k次方累加和*/
long  my_power(int n,int k);         /*计算n的k次方*/
void main()
{
    int  n,k;
    printf("please input (n k):");
    scanf("%d%d",&n,&k);
    printf("s=%ld\n", add_power(n,k));
}
long  add_power(int n,int k)         /*计算1到n的k次方累加和*/
{
    long sum=0;
    int i;
    for(i=1;i<=n;i++)  sum+=my_power(i, k);
```

```
    return sum;
}
long  my_power(int n,int k)           /*计算 n 的 k 次方*/
{
    long power=n;
    int i;
    for(i=1;i<k;i++)  power*=n;
    return power;
}
```

运行结果：

```
please input (n k):5 4✓
s=979
```

程序说明：

（1）本程序定义了两个子函数，其中 add_power() 计算 1 的 k 次方到 n 的 k 次方累加和；my_power() 计算 n 的 k 次方。

（2）在子函数 add_power() 中嵌套调用了子函数 my_power()，函数调用关系如图 8-3 所示。

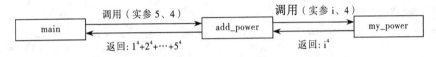

图 8-3　函数的嵌套调用和返回

2．函数的递归调用

函数的递归调用是指，一个函数在它的函数体内直接或间接地调用它自身。C 语言允许函数的递归调用。在递归调用中，调用函数又是被调用函数，执行递归函数将反复调用其自身。每调用一次就进入新的一层，如图 8-4 所示。

（a）直接递归　　　　　　　　　（b）间接递归

图 8-4　函数的递归调用

在调用函数 f() 的过程中，又要调用 f() 函数，这是直接调用本函数，称为直接递归。在调用函数 f1() 的过程中，又要调用 f2() 函数，而在调用 f2() 函数过程中又要调用 f1() 函数，这是间接调用本函数，称为间接递归。从图 8-4 中可以看到，这两种递归调用都是无终止的自身调用。显然，程序中不应出现这种无终止的递归调用，而只应出现有限次数的、有终止的递归调用。

为了防止递归调用无终止地进行，必须在函数内有终止递归调用的手段。常用的办法是加条件判断，满足某种条件后就不再作递归调用，然后逐层返回。因此，一个递归的过程可以分为"递推"和"回归"两个阶段。

【例 8.8】用递归法计算 $n!$。

$$n!=\begin{cases} 1 & \text{当 } n=0 \text{ 或 } n=1 \text{ 时} \\ n\cdot(n-1)! & \text{当 } n>0 \text{ 时} \end{cases}$$

源程序：

```
long fact(int n)                        /*定义函数 fact()，函数类型为长整型*/
{
    long f;
    if(n>1)  f=fact(n-1)*n;             /*递归调用*/
    else  f=1;                          /*递归结束的条件*/
    return(f);
}
void main()
{
    int n;
    long y;
    printf("input a integer number:");
    scanf("%d",&n);
    y=fact(n);                          /*主函数调用 fact()函数*/
    printf("%d!=%ld\n",n,y);
}
```

运行结果：

```
input a integer number:5✓
5!=120
```

程序说明：main()函数中只有一个调用语句，整个问题的求解全靠一个 y=fact(n);函数调用来解决。函数调用过程如图 8-5 所示。

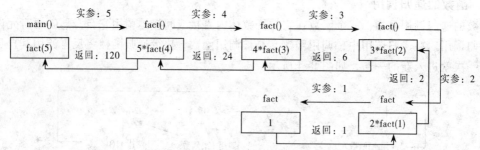

图 8-5 函数的递归调用

依据上述分析可知，递归调用的过程可分为两个阶段：

第一阶段称为"递推"阶段：将原问题不断化为新问题，逐渐地从未知向已知的方向推测，最终达到已知的条件，即递归结束条件。

第二阶段称为"回归"阶段：从已知条件出发，按"递推"的逆过程，逐一求值回归，最后回到递推的开始处，完成递归调用。

递归函数不仅用于递推公式的计算，也用于处理任何可用递推方式解决的问题。下面的例子是递归过程的一个典范。

【例 8.9】模拟汉诺塔游戏。

19 世纪末，欧洲流行一种称为汉诺塔（Hanoi Tower）的游戏。传说游戏起源于布拉玛神庙（Bramah Temple）中的教士，游戏的装置是一块铜板上面有三根金钢石的针，左边针上放着从大到小的 64 个金盘，如图 8-6 所示。游戏的目标是将由盘子叠成的"塔"从左边针（源塔）上移到右边针（目的塔）上，规则是每次只能移动一个盘子，且不允许大盘压在小盘上面。源塔和目的塔之间的那根针作为缓冲塔（暂时存放金盘用）。由于为达到目的需要移动盘的次数太多，时间太长，故该游戏又称为"世界末日"。

算法分析：设针按从左到右依次编号为 A、B、C。为了将 n 个盘从针 A 移到针 C，可以先将 n-1 个盘从针 A 移到针 B（用针 C 作缓冲），然后将针 A 上余下的（最下面的）一个盘移至针 C 上，再设法将 n-1 个盘从针 B 移到针 C（用针 A 作缓冲）。于是，移动 n 个盘的任务简化为移动 n-1 个盘的任务。重复上述过程，每次 n 减少 1，最后简化为移动一个盘的任务，此时只需直接移这个盘就可以了。显然这是一个递归过程，其结束条件是只剩下一个盘需要移动。

图 8-6　汉诺塔游戏示意图

可将移动 n 个盘的总任务定义为函数 movtower(n, 'A', 'B', 'C')，描述为将 n 个盘从针 A 移到针 C，以针 B 为缓冲。按照上述思想，该总任务被分解成下列三个子任务（三步）：

（1）把 n-1 个盘从源针 A 移到临时针 B，以针 C 为缓冲：

递归调用 movtower(n-1 , 'A' , 'B' , 'C')。

（2）将塔底的一个盘从针 A 移到目标针 C：

用一个输出语句"printf("from A to C\n");"模拟移动一个盘的动作。

（3）把 n-1 个盘从针 B 移到针 C，以针 A 为缓冲：

执行递归调用 movtower(n-1 , 'B' , 'C' , 'A')。

显然，完成总任务 movtower(n , 'A' , 'B' , 'C')的函数是一个递归函数，该函数两次直接调用自己。模拟汉诺塔游戏的程序如下：

```c
void movetower(int n,char from,char to,char buf);
int main(void)
{
    int n;                /*n为游戏的规模，即金盘个数*/
    printf("input n:");
    scanf("%d",&n);
    movetower(n,'A','C','B');
    return 0;
}
void movetower(int n,char from,char to,char buf)
{
    if(n==1)
        printf("from %c to %c\n",from,to);
    else{
        movetower(n-1,from,buf,to);
        printf("from %c to %c\n",from,to);
        movetower(n-1,buf,to,from);
    }
}
```

运行结果：

input n:3

```
from A to C
from A to B
from C to B
from A to C
from B to A
from B to C
from A to C
```

实际中不是任何问题都可以使用递归调用这一算法进行编程。只有满足下列要求的问题才可使用递归调用的算法：

① 原问题能够转化为新问题，且新问题与原问题的解决办法相同。

② 经过有限次数的化分，最终可以获得解决。也就是说，有限递归问题才有实际意义，而无限递归问题是没有实际意义的。

即要求能够将原有的问题转化为一个新的问题，而新的问题解决的方法与原有问题解决的方法相同，按照这一原则依次地化分下去，最终化分出来的新问题可以解决。同时，所有递归问题都可用非递归的方法来解决，但对于一些比较复杂的递归问题用非递归的方法往往使程序变得十分复杂难以读懂，而函数的递归调用在解决这类递归问题时能使程序简洁明了有较好的可读性；但是由以上分析可知，在函数的递归调用过程中，系统要为每一层调用中的变量开辟存储单元，要记住每一层调用后的返回点，要增加许多额外的开销，因此函数的递归调用通常会降低程序的运行效率。

8.2.5　数组作为函数参数

前面已经介绍了可以用变量作函数参数，此外数组元素也可以作函数实参，其用法与变量相同。数组名也可以作实参和形参，传递的是整个数组。

1．数组元素作函数参数

数组元素就是下标变量，它与普通变量并无区别。数组元素只能用作函数实参，其用法与普通变量完全相同：在发生函数调用时，把数组元素的值传送给形参，实现单向值传送。

【例 8.10】定义一个含有 20 个元素的 int 类型数组。依次给数组元素赋奇数 1、3、5、…，然后顺序输出。

```
void printarr(int x);
void main()
{
    int  s[20],i;
    for(i=0;i<20;i++)
        s[i]=2*i+1;
    printf("\nSequence Output:\n");
    for(i=0;i<20;i++)
        printarr(s[i]);                    /*数组元素 s[i]作函数参数*/
    printf("\n");
}
void printarr(int x)
{
    printf("%3d",x);
}
```

运行结果：

```
Sequence Output:
1  3  5  7  9 11 13 15 17 19 21 23 25 27 29 31 33 35 37 39
```

数组是由多个数据组成的数据集合体。在 C 语言程序中经常需要把数组传递到某个函数中进行处理。向函数传递数组时，不能把整个数组作为一个参数复制到被调用函数的另一个数组中。如果采用函数传值调用方式向函数传递数组，只能把数组的每一个元素作为一个参数传递给函数。当数组元素较多时，如果把它们全部传递到函数中，必然要使用大量的参数。一般情况下不采用这种数据传递方式。

2. 数组名作函数参数

数组名是数组在内存分配空间中的首地址。以数组名作为函数的实参就是以数组首地址作为实际参数来调用函数。

在被调用的函数中，接收数组地址的形参有两种形式。一是以指针变量作为形式参数接收数组的地址，该指针被赋予数组的地址之后，它就指向了数组的存储空间，从而在被调用函数中，使用这个指针就可以对数组中的所有数据进行处理（具体方法见第 10 章）。二是使用"数组形式"的形参接收实参中数组的地址（事实上，数组名实际上是地址常量，是不能被赋值并接收实参传来的任何数据的，所以编译系统"数组形式"的形参解释成指针变量。用指针变量访问数组元素详情请见第 10 章），使得这两个数组共同占用同一段内存空间，都可以对数组中的这些数据进行操作处理；此时，作为形式参数的数组在说明时不必指出它的元素个数，即数组名后方括中的数一般不写。

【例 8.11】编写子函数，求数组中的最大元素值。

```c
int maxnum(int arr[],int n);
void main()
{
    int a[10],i,m;
    printf("enter array a:\n"); /*以下输入 a 数组元素的值*/
    for(i=0;i<10;i++)
        scanf("%d",&a[i]);
    printf("\n");
    m=maxnum(a,10);                 /*调用 maxnum()函数,数组名及元素个数作实参*/
    printf("The max number of array a is:%d\n",m);
}
int maxnum(int arr[],int n)     /*定义 maxnum()函数,数组名及 int 型变量作形参*/
{
    int max,i;
    max=arr[0];                     /*设定数组中最大元素值*/
    for(i=1;i<n;i++)                /*利用循环，重新设定数组中最大元素值*/
        if(arr[i]>max)
            max=arr[i];
    return(max);
}
```

运行结果：

```
enter array a:
23 63 41 -43 -97 45 64 41 18 59↙
The max number of array a is: 64
```

程序说明：

（1）用数组名作函数参数，应该在主调函数和被调用函数中分别定义数组，例中 a 是实参数组名，arr 是形参数组名，分别在其所在函数中定义，不能只在一方定义。

（2）实参数组与形参数组类型应一致。

（3）定义形参数组时，指定其大小是不起任何作用的，因为 C 编译对形参数组大小不做检查，只是将实参数组的首地址传给形参数组，在定义数组时在数组名后面跟一个空的方括弧即可，如本例第一个形参定义“int arr[]”。同时为了在被调用函数中处理数组元素的需要，可以另设一个参数，传递需要处理的数组元素的个数，如本例第二个形参定义“int n”就用来接收元素的个数。

（4）用数组名作函数实参时，不是把数组元素的值传递给形参，而是把实参数组的起始地址传递给形参数组，这样两个数组就共占同一段内存单元，如图 8-7 所示。

	a[0]	a[1]	a[2]	a[3]	a[4]	a[5]	a[6]	a[7]	a[8]	a[9]
起始地址	23	63	41	-43	-97	45	64	41	18	59
	arr[0]	arr[1]	arr[2]	arr[3]	arr[4]	arr[5]	arr[6]	arr[7]	arr[8]	arr[9]

图 8-7　实参与形参数组

正是因为形参数组的存储空间就是实参数组的存储空间，因此在函数中形参数组就可以处理主调函数要传递给该函数的实参数组中的元素。

下面给出数组排序函数。其功能是把整型数组的各个元素，按其值从小至大排序，并且排序结果仍存储在数组的存储空间中。因此，在程序中调用该函数之后，传递给函数的数组被重新排序。

【例 8.12】定义子函数 sort()，利用选择法对整型数组排序（如 10 个整数按由小到大排序）。

算法分析：先将 10 个数中最小的数与 a[0]对换，再将 a[1]～a[9]中最小的数与 a[1]对换，……，每比较一轮，找出一个未经排序的数中最小的一个，共应比较 9 轮。

```
void sort(int array[],int n);
void main()
{
    int i,a[10]={3,7,5,9,-2,10,8,12,5,-10};
    printf("The original array: ");
    for(i=0;i<10;i++)
        printf("%d ",a[i]);
    printf("\n");
    sort(a,10);
    printf("The sorted array: ");
    for(i=0;i<10;i++)
        printf("%d ",a[i]);
    printf("\n");
}

void sort(int array[],int n)
{
    int i,j,k,t;
```

```
    for(i=0;i<=n-1;i++)
    {   k=i;
        for(j=i+1;j<n;j++)
            if(array[j]<array[k]) k=j;
        t=array[k];
        array[k]=array[i];
        array[i]=t;
    }
}
```

运行结果：

```
The original array: 3 7 5 9 -2 10 8 12 5 -10
The sorted array: -10 -2 3 5 5 7 8 9 10 12
```

多维数组名一样也可以作为函数的实参和形参，在被调用函数中对多维形参数组定义时可以指定每一维的大小，也可以省略第一维的大小说明。

【例 8.13】有一个 3×4 矩阵，求其中的最大元素。

```
max_value(int array[][4])
{
    int i,j,max;
    max=array[0][0];
    for(i=0;i<3;i++)
      for(j=0;j<4;j++)
        if(array[i][j]>max) max=array[i][j];
    return(max);
}


void main()
{
    static int a[3][4]={{23,25,17,34},{32,64,61,49},{24,53,40,39}};
    printf("max value is %d\n",max_value(a));
}
```

运行结果：

```
max value is 64
```

程序说明：本例是以二维数组作为函数的参数，形参定义时行数可省略（系统会忽略形参二维数组行的检查）。

综上所述，数组名作为形参时，实参数组和形参数组的类型必须一致，但形参数组的元素个数可以不指定；在函数调用过程中，由于形参数组与实参数组共享同一段内存空间，函数体内对形参数组元素的运算和操作也会使实参数组的元素值发生相同的变化。

8.3　知识与技能扩展

8.3.1　变量的作用范围

C 语言中所有的变量都有自己的作用范围，即作用域。变量说明的位置不同，其作用域也不同，据此将 C 语言中的变量分为内部变量和外部变量。

1．内部变量

在一个函数内部说明的变量是内部变量，它只在该函数范围内有效。也就是说，只有在包含变量说明的函数内部才能使用被说明的变量，在此函数之外就不能使用这些变量。所以，内部变量也称为"局部变量"。

关于局部变量的作用域还要说明以下几点：

（1）主函数 main()中定义的内部变量只能在主函数中使用，其他函数不能使用。同时，主函数中也不能使用其他函数中定义的内部变量。因为主函数也是一个函数，与其他函数是平行关系。这一点是与其他语言不同的，应予以注意。

（2）形参变量也是内部变量，属于被调用函数；实参变量则是调用函数的内部变量。

（3）允许在不同的函数中使用相同的变量名，它们代表不同的对象，分配不同的单元，互不干扰，也不会发生混淆。

（4）在复合语句中也可定义变量，其作用域只在复合语句范围内。

【例 8.14】复合语句中的局部变量。

```
void main()
{
    int i=2,j=3,k;          /*main()函数的局部变量，在整个main()函数内有效*/
    k=i+j;
    {
        int k=8;            /*作用域为当前复合语句，屏蔽掉原来同名局部变量k*/
        printf("%d\n",k);   /*此时，k为复合语句中定义的变量，值为8*/
    }
    printf("%d\n",k);       /*脱离复合语句的范围,主函数中的k变量有效*/
}
```

运行结果：

8
5

程序说明：

（1）本例复合语句外有局部变量 k，赋值为 5，作用范围存在于整个主函数。

（2）复合语句范围也有一局部变量 k，作用范围存在于复合语句内。

（3）此时，两局部变量看起来范围重叠，但因同名，故在复合语句内将暂时"屏蔽"复合语句外的同名变量，所以在复合语句内 k 的值为 8，但脱离该复合语句范围后，复合语句内的变量 k 无效，复合语句外的变量 k 恢复作用，显示其值为 5。

2．外部变量

在函数外部定义的变量称为外部变量。依此类推，在函数外部定义的数组称为外部数组。外部变量不属于任何一个函数，其作用域是：从外部变量的定义位置开始，到本文件结束为止。外部变量可被作用域内的所有函数直接引用，所以外部变量又称全局变量。

对于全局变量可以用以下几点概括说明：

（1）外部变量可加强函数模块之间的数据联系，但又使这些函数依赖这些外部变量，因而使得这些函数的独立性降低。从模块化程序设计的观点来看这是不利的，因此不是非用不可时，不要使用外部变量。

（2）在同一源文件中，允许外部变量和内部变量同名。在内部变量的作用域内，外部变量将被屏蔽而不起作用。

【例 8.15】外部变量与局部变量同名。

```
int a=3,b=5;                  /*定义全局变量a,b*/
max(int a,int b)              /*定义函数max()*/
{                             /*局部变量a,b与全局变量同名*/
    int c;
    c=a>b?a:b;
    return(c);
}
void main()                   /*定义主函数*/
{
    int a=8;                  /*局部变量a与全局变量同名*/
    printf("%d",max(a,b));
}
```

运行结果：

8

程序说明：

① 第一行定义了外部变量 a、b，并使之初始化。

② 第二行开始定义函数 max()，a 和 b 是形参，形参也是局部变量。函数 max() 中的 a、b 不是外部变量 a、b，它们的值是由实参传给形参的，外部变量 a、b 在 max() 函数范围内不起作用。

③ 最后 4 行是 main() 函数，它定义了一个局部变量 a，因此全局变量 a 在 main() 函数范围内不起作用，而全局变量 b 在此范围内有效。因此 printf() 函数中的 max(a,b) 相当于 max(8,5)，程序的运行结果为 8。

（3）外部变量的作用域是从定义点到本文件结束。如果定义点之前的函数需要引用这些外部变量时，需要在引用外部变量之前对被引用的外部变量进行声明。外部变量声明的一般形式为：

```
extern   数据类型   外部变量[,外部变量2…];
```

注意：外部变量的定义和外部变量的声明是两回事。外部变量的定义，必须在所有的函数之外，且只能定义一次。而外部变量的说明，出现在要使用该外部变量之前，而且可以出现多次。

【例 8.16】外部变量的定义与说明。

```
int vs(int xl,int xw)
{
    extern int xh;                /*外部变量xh的说明*/
    int v;
    v=xl*xw*xh;                   /*直接使用外部变量xh的值*/
    return v;
}
void main()
{
    extern int xw,xh;             /*外部变量的说明*/
    int xl=5;                     /*内部变量的定义*/
    printf("xl=%d,xw=%d,xh=%d\nv=%d",xl,xw,xh,vs(xl,xw));
}
```

```
int xl=3,xw=4,xh=5;                    /*外部变量xl、xw、xh的定义*/
```
程序说明：本例中最后一行定义的全局变量在当前行及当前行以后有效，在前面是无效的，要使得作用范围覆盖到前面，应像本例一样在前面引用它之前对其进行声明。

8.3.2　变量的动态存储与静态存储

在 C 语言中，变量按其存储方式将其分为两大类：静态存储类的变量和动态存储类的变量。具体包括：自动变量（auto）、寄存器变量（register）、外部变量（extern）、静态变量（static）。其中，auto 和 register 型变量属动态存储类的变量；extern 和 static 型变量属于静态存储类的变量。

1．自动变量

定义格式：

[auto]　数据类型　变量表

自动变量的关键字 auto 可以省略，auto 不写则隐含确定为"自动存储类别"。即前面所见到的内部变量即为这种类型。

存储特点：

（1）自动变量属于动态存储方式。在函数中定义的自动变量只在该函数内有效；函数被调用时分配存储空间，调用结束就释放。在复合语句中定义的自动变量只在该复合语句中有效；退出复合语句后，也不能再使用，否则将引起错误。

（2）定义而不初始化，则其值是不确定的。如果初始化，则赋初值操作是在调用时进行的，且每次调用都要重新赋一次初值。

（3）由于自动变量的作用域和生存期都局限于定义它的个体内（函数或复合语句），因此不同的个体中允许使用同名的变量而不会混淆。即使在函数内定义的自动变量，也可与该函数内部的复合语句中定义的自动变量同名。

建议：系统不会混淆，并不意味着人也不会混淆，所以尽量少用同名自动变量。

2．静态内部变量

定义格式：

static　数据类型　内部变量表；

存储特点：

（1）静态内部变量属于静态存储。在程序执行过程中，即使所在函数调用结束也不释放。换句话说，在程序执行期间，静态内部变量始终存在，但其他函数是不能引用它们的。

（2）定义静态内部变量位置在函数内，但是该变量在整个程序运行期间一直存在，且使用之前已初始化，即初始化时机与函数是否被调用过无关，故每次调用它们所在的函数时，不会再重新赋初值，只是保留上次调用结束时的值。

【例 8.17】比较自动变量与静态局部变量的存储特性。

```
void auto_static()
{
    int x1=1;                    /*自动变量x1：每次调用都重新初始化*/
    static int x2=1;             /*静态局部变量x2：只在函数调用之前初始化*/
    printf("x1=%d,x2=%d\n",x1,x2 );
    ++x1;
    ++x2;
}
```

```
void main()
{
    int i;
    for(i=0;i<3;i++)   auto_static();
}
```

运行结果：

```
x1=1,x2=1
x1=1,x2=2
x1=1,x2=3
```

程序说明：在调用 auto_static() 函数之前，静态局部变量 x2 初值化为 1。调用过程中，不再初始化静态局部变量，第一次调用结束时，x2 的值为 2，同时由于 x2 是静态局部变量，在函数调用结束后，它并不释放，仍保留 x2=2。在第二次调用 auto_static() 函数时，x1 的初值为 1，x2 的初值为 2（上次调用结束时的值）。

3．寄存器变量

一般情况下，变量的值都是存储在内存中的。为提高执行效率，C 语言允许将局部变量的值存放到寄存器中，这种变量就称为寄存器变量。定义格式如下：

register　　数据类型　　变量表；

（1）只有局部变量才能定义成寄存器变量，全局变量不行。

（2）对寄存器变量的实际处理随系统而异。例如，微机上的 MS C 和 Turbo C 将寄存器变量实际当做自动变量处理。

（3）允许使用的寄存器数目是有限的，不能定义任意多个寄存器变量。

【例 8.18】求 1～5 的阶乘。使用寄存器变量实现。

```
int  fun(int  n)
{
    register int  i,f=1;               /*定义寄存器变量*/
    for(i=1;i<=n;i++)
        f=f*i;                         /*循环累乘*/
    return(f);
}
void main()
{
    int  i;
    for(i=1;i<=5;i++)                   /*循环求 1～5 的阶乘*/
        printf("%d!=%d\n",i,fun(i));
}
```

运行结果：

```
1!=1
2!=2
3!=6
4!=24
5!=120
```

程序说明：

（1）定义局部变量 f、i 是寄存器变量。

（2）若 f、i 定义成自动变量，运行结果不发生改变。

4．外部变量属于静态存储方式

（1）静态外部变量——只允许被本源文件中的函数引用。

其定义格式为：

static 数据类型 外部变量表；

（2）非静态外部变量——允许被其他源文件中的函数引用。

定义时缺省 static 关键字的外部变量，即为非静态外部变量。其他源文件中的函数，引用非静态外部变量时，需要在引用函数所在的源文件中进行说明：

extern 数据类型 外部变量表；

注意：在函数内的 extern 变量说明，表示引用本源文件中的外部变量，而函数外（通常在文件开头）的 extern 变量说明，表示引用其他文件中的外部变量。

静态局部变量和静态外部变量同属静态存储方式，但两者区别较大：

① 定义的位置不同。静态局部变量在函数内定义，静态外部变量在函数外定义。

② 作用域不同。静态局部变量属于内部变量，其作用域仅限于定义它的函数内；虽然生存期为整个源程序，但其他函数是不能使用它的。静态外部变量在函数外定义，其作用域为定义它的源文件；生存期为整个源程序，但其他源文件中的函数也是不能使用它的。

务必牢记：把局部变量改变为静态内部变量后，改变了它的存储方式，即改变了它的生存期。把外部变量改变为静态外部变量后，改变了它的作用域，限制了它的使用范围。因此，关键字 static 在不同的地方所起的作用是不同的。

【例 8.19】给定 b 的值，输入 A，求 A×b 的值。

文件 file1.c 中的内容：

```
int  A;                        /*定义外部变量*/
void main()
{
    int b=5;
    printf("input the number A:\n");
    scanf("%d",&A);
    printf("A*b=%d\n",f(b));    /*调用 f()函数，输出该函数的值*/
}
```

文件 file2.c 中的内容：

```
extern int A;                  /*声明 A 是一个外部变量*/
f(int n)
{
    int c;
    c=A*n;                     /*引用外部变量 A*/
    return (c);
}
```

运行结果：

```
input the number A:
3✓
A*b=15
```

程序说明：

① 本例是一个多源文件的 C 程序，涉及多源程序文件的编译和连接。具体操作方法见 8.3.4

小节。

② file2.c 文件的开头有一个 extern 声明，它是声明和引用在文件 file1.c 中定义过的外部变量。本来外部变量 A 的作用域是 file1.c，但现在用 extern 声明将其作用域扩大到 file2.c 文件。

③ 如果在文件 file1.c 中定义变量 A 时加入了关键字 static，则表示其作用域限限制在了 file1.c 中，无法在其他文件中引用。

5．存储类别小结

常用的存储类别如表 8-1 所示。

表 8-1　存储类别

变量存储类别	函数内		函数外	
	作用域	存在性	作用域	存在性
自动变量和寄存器变量	√	√	×	×
静态局部变量	√	√	×	√
静态外部变量	√	√	√（只限本文件）	√
普通外部变量	√	√	√	√

说明：此表表示各种类型变量的作用域和存在性的情况。表中"√"表示"是"，"×"表示"否"。可以看到自动变量和寄存器变量在函数内外的"可见性"和"存在性"是一致的，即离开函数后，值不能被引用，值也不存在。静态外部变量和外部变量的可见性和存在性也是一致的，在离开函数后变量值仍存在，且可被引用，而静态局部变量的可见性和存在性不一致，离开函数后，变量值存在，但不能被引用。

8.3.3　内部函数和外部函数

如果在一个源文件中定义的函数只能被本文件中的函数调用，而不能被同一程序其他文件中的函数调用，这种函数称为内部函数。在定义函数时，如果没有加关键字 static，这种函数是外部函数。

1．定义内部函数

定义一个内部函数，只要在函数类型前再加一个 static 关键字即可，如下所示：

```
static  函数类型  函数名(函数参数表)
{...}
```

关键字 static，译成中文就是"静态的"，所以内部函数又称静态函数。但此处 static 的含义不是指存储方式，而是指对函数的作用域仅局限于本文件。使用内部函数的好处是：不同的人编写不同的函数时，不用担心自己定义的函数是否会与其他文件中的函数同名，因为同名也没有关系。

2．定义外部函数

如果没有关键字 static 修饰，通常定义的函数都是外部函数。

这里所谓外部，是指函数的作用范围可以扩展到其他源文件中，在其他的源文件中可以引用。

使用 extern 声明就能够在一个文件中调用其他文件中定义的函数，或者说把该函数的作用域扩展到本文件。

【例 8.20】定义一个函数，用于求两个数中的大数。

文件 mainf.c:

```
extern input(char str[50]);  /*声明在本函数中将要调用的在其他文件中定义的 3 个函数*/
extern del(char str[],char ch);
extern output(char str[50]);
void main()
{
    char c;
    char str[50];
    input (str);
    scanf("%c",&c);
    del(str , c);
    output(str);
}
```

文件 subf1.c:

```
#include <stdio.h>
input(char str[50])            /*定义外部函数*/
{
    gets(str);
}
```

文件 subf2.c:

```
#include <stdio.h>
del(char str[],char ch)         /*定义外部函数*/
{
    int i,j;
    for(i=j=0;str[i]!='\0';i++)
    if(str[i]!=ch)
    str[j++]=str[i];
    str[j]='\0';}
```

文件 subf3.c:

```
#include <stdio.h>
output(char str[])                        /*定义外部函数*/
{
    printf("%s",str);
}
```

运行情况如下:

```
abcdefg       （输入字符串）
d             （输入要删去指定的字符）
abcefg        （输出已删去指定字符的字符串）
```

程序说明:

（1）本例是一个多源文件的 C 程序，涉及多源程序文件的编译和连接。具体操作方法见 8.3.4 小节。

（2）整个程序由 4 个文件组成。每个文件包含一个函数。主函数是主控函数，除声明部分外，由 4 个函数调用语句组成。其中 scanf()是库函数，另外 3 个是用户自己定义的函数。函数 del()的作用是根据给定的字符串和要删除的字符 ch，对字符串作删除处理。程序中 3 个函数都定义为外部函数。

（3）在文件 mainf.c 中用 extern 声明在 main()函数中用到的 input()、del()、output()函数是在其他文件中定义的外部函数。

8.3.4　多个源程序文件的编译和连接

目前，在 Windows 平台下的 C 语言集成开发环境很多，对多源程序的项目编译和维护都可轻松完成。但本书主要是以 Turbo C 集成开发环境作为程序调试工具的（当然也可先用其他合适环境和工具），下面介绍的是在 Turbo C 集成开发环境下的多个源程序文件的编译和连接方法。

一般过程：

编辑各源文件→创建 Project（项目）文件→设置项目名称→编译、连接、运行，查看结果。

（1）编辑各源文件。依次创建每一个源文件，并用指定文件名保存。

（2）创建 Project（项目）文件。用编辑源文件相同的方法，创建一个扩展名为.PRJ 的项目文件：该文件中仅包括将被编译、连接的各源文件名，一行一个，其扩展名 ".c" 可以缺省；文件名的顺序仅影响编译的顺序，与运行无关。

注意：如果有某个（些）源文件不在当前目录下，则应在文件名前冠以路径。

（3）设置项目名称。打开菜单，选择 Project→Project name 命令，输入项目文件名即可。

（4）编译、连接、运行，查看结果。与单个源文件相同。编译产生的目标文件，以及连接产生的可执行文件，它们的主文件名均与项目文件的主文件名相同。

注意：当前项目文件调试完毕后，应选择 Project→Clear project 命令，将其项目名称从 Project name 中清除（清除后为空）。否则，编译、连接和运行的始终是该项目文件。

（5）关于错误跟踪。默认时，仅跟踪当前一个源程序文件。如果希望自动跟踪项目中的所有源文件，则应将 Options→Environment→Message Tracking 开关置为 All files：连续按【Enter】键，直至 All files 出现为止。此时，滚动消息窗口中的错误信息时，系统会自动加载相应的源文件到编辑窗口中。

也可关闭跟踪（将 Message Tracking 设为 Off）。此时，只要定位于感兴趣的错误信息上按【Enter】键，系统就会自动将相应源文件加载到编辑窗口中。

8.4　典 型 案 例

【案例 1】利用函数求最大公约数

修改第 6 章案例 3，通过函数实现辗转相除法求最大公约数。

源程序：

```
int gcd(int m,int n);              /*函数说明*/
void main()
{
    int a,b,c;
    scanf("%d%d",&a,&b);
```

```
        c=gcd(a,b);                  /*函数调用*/
        printf("%d\n",c);
    }
    int gcd(int m,int n)             /*函数定义*/
    {
        int r;
        r=m%n;
        while(r!=0 )
        {
            m=n;
            n=r;
            r=m%n;
        }
        return n;
    }
```

程序说明：本程序演示函数的说明、调用和定义方法及格式。

【案例 2】利用函数计算组合

在数学中，计算组合的公式是：

$$C_m^n = \frac{m!}{n!(m-n)!}$$

要求通过编写函数来实现组合的计算。
源程序：

```
long fact(int  x);
long cmn(int m,int n);
void main()
{
    int a,b;
    long c;
    printf("Enter m and n:");
    scanf("%d%d",&a,&b);
    c=cmn(a,b);
    printf("The combination:%ld\n",c);
}
long cmn(int m,int n)
{
    long res,temp;
    res=fact(m);
    temp=fact(n);
    res=res/temp;
    res=res/fact(m-n);
    return  res;
}
long fact(int  x)
```

```
{
    long f=x;
    while(--x) f*=x;
    return f;
}
```

运行结果：

```
Enter m and n:5 2✓
The combination:10
```

程序说明：本程序演示函数的嵌套调用方法。

【案例 3】将十进制正整数转化并输出二进制形式

编一递归函数，将一任意正整数转化为二进制输出。

源程序：

```
void Tobin(int n)
{
    if(n>1)  Tobin(n/2);
    printf("%d",n%2);
}
void main()
{
    int a;
    scanf("%d",&a);
    Tobin(a);
}
```

运行结果：

```
13✓
1101
```

程序说明：

（1）本程序演示递归函数的编写和函数的递归调用过程。

（2）本程序函数递归调用过程的分析如图 8-8 所示。

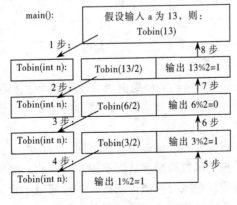

图 8-8　函数递归调用过程

【案例4】利用函数将整型数组内容进行逆置

要求通过编写函数来实现将整型数组中的内容进行逆置。

源程序：

```
void reverse(int a[],int n);
void main()
{
    int i,b[10]={1,2,3,4,5,6,7,8,9,10};
    reverse(b,10);
    for(i=0;i<10;i++)  printf("%d ",b[i]);
    printf("\n");
}
void reverse(int a[],int n)
{
    int  i,t;
    for(i=0;i<n/2;i++)
    {
        t=a[i];
        a[i]=a[n-1-i];
        a[n-1-i]=t;
    }
}
```

运行结果：

```
10 9 8 7 6 5 4 3 2 1
```

程序说明：本程序演示数组作为函数参数的数据传递过程。

小　结

（1）C 程序是以函数为基本单位，整个程序由函数组成。由于采用了函数模块式的结构，C语言易于实现结构化程序设计。使程序的层次结构清晰，便于程序的编写、阅读、调试。

（2）在 C 语言中可从不同的角度对函数分类。

① 从函数定义的角度分类。

② 从主调函数是否要向被调函数传送数据的角度分类。

③ 从有无返回值的角度分类。

（3）任何函数（包括主函数 main()）都是由函数说明和函数体两部分组成。

（4）函数返回值是指函数返回到主调函数时所带回的值。有返值函数的返回值，是通过函数中的 return 语句来获得的。

（5）在实际应用中，函数的调用应该遵循"先声明，后调用"的原则。发生函数调用时，主调函数把实参的值传送给被调函数的形参从而实现主调函数向被调函数的数据传送。

（6）函数的嵌套调用是指，在执行被调用函数时，被调用函数又调用了其他函数；函数的递归调用是指，一个函数在它的函数体内直接或间接地调用它自身。

（7）用数组名作函数参数，形参数组的存储空间就是实参数组的存储空间。因此，在函数中形参数组就可以处理主调函数要传递给该函数的实参数组中的元素。

（8）按变量作用域的不同，将 C 语言变量分为局部变量和全局变量。

（9）变量按其存储方式将其分为两大类：静态存储类的变量和动态存储类的变量。

习　　题

一、选择题

1. 以下程序的输出结果是（　　　）。

```
int  f()
{
    static  int  i=0;
    int  s=1;
    s+=i;i++;
    return  s;
}
void main()
{
    int  i,a=0;
    for(i=0;i<5;i++)  a+=f();
    printf("%d\n",a);
}
```

A. 2　　　　　　　B. 24　　　　　　　C. 25　　　　　　　D. 15

2. 若有以下程序：

```
#include  <stdio.h>
void  f(int  n);
void main()
{
    void  f(int  n);
    f(5);
}
void f(int  n)
{
    printf("%d\n",n);
}
```

则以下叙述中不正确的是（　　　）。

　　A. 若只在主函数中对函数 f()进行说明，则只能在主函数中正确调用函数 f()

　　B. 若在主函数前对函数 f()进行说明，则在主函数和其后的其他函数都可以正确调用函数 f()

　　C. 对于以上程序，编译时系统会提示出错信息：提示对 f()函数重复说明

　　D. 函数 f()无返回值，所以可用 void 将其类型定义为无返回值型

3. 在 C 语言中，形参的默认存储类型是（　　　）。

　　A. auto　　　　　　B. register　　　　　　C. static　　　　　　D. extern

4. C 语言中，函数值类型的定义可以缺省，此时函数值的隐含类型是（　　　）。

　　A. void　　　　　　B. int　　　　　　C. float　　　　　　D. double

5. 有以下程序：

```c
float fun(int x,int y)
{
    return(x+y);
}
void main()
{
    int a=2,b=5,c=8;
    printf("%3.0f\n",fun((int)(fun(a+c,b),a-c));
}
```

程序运行后的输出结果是（　　　）。

  A. 编译出错　　　　　　B. 9　　　　　　　　C. 21　　　　　　　　D. 9.0

6. 以下程序中函数 sort()的功能是对 a 所指数组中的数据进行由大到小的排序。

```c
void sort(int a[],int n)
{
    int i,j,t;
    for(i=0;i<n-1;i++)
    for(j=i+1;j<n;j++)
    if(a[i]<a[j])  {t=a[i];a[i]=a[j];a[j]=t;}
}
void main()
{
    int aa[10]={1,2,3,4,5,6,7,8,9,10},i;
    sort(&aa[3],5);
    for(i=0;i<10;i++)  printf("%d, ",aa[i]);
    printf("\n");
}
```

程序运行后的输出结果是（　　　）。

  A. 1,2,3,4,5,6,7,8,9,10　　　　　　　　B. 10,9,8,7,6,5,4,3,2,1,

  C. 1,2,3,8,7.6.5.4.9,10　　　　　　　　D. 1,2,10,9,8,7,6,5,4,3

7. 有以下程序：

```c
int f(int  n)
{
    if(n==1)  return 1;
    else return f(n-1)+1;
}
void main()
{
    int i,j=0;
    for(i=1;i<3;i++)  j+=f(i);
    printf("%d\n",j);
}
```

程序运行后的输出结果是（　　　）。

  A. 4　　　　　　　　B. 3　　　　　　　　C. 2　　　　　　　　D. 1

8. 以下程序中函数 f() 的功能是将 n 个字符串按由大到小的顺序进行排序。

```
#include <string.h>
void f(char p[][10],int n)
{
    char t[20];int  i,j;
    for(i=0;i<n-1;i++)
    for(j=i+1;j<n;j++)
    if(strcmp(p[i],p[j])<0)
    {
        strcpy(t,p[i]);
        strcpy(p[i],p[j]);
        strcpy(p[j],t);
    }
}
void main()
{
    char p[][10]={ "abc","aabdfg","abbd","dcdbe","cd"};int i;
    f(p,5);
    printf("%d\n",strlen(p[0]));
}
```

程序运行后的输出结果是（　　　）。

A. 6　　　　　　　　　B. 4　　　　　　　　　C. 5　　　　　　　　　D. 3

9. 以下叙述中正确的是（　　　）。

A. 全局变量的作用域一定比局部变量的作用域范围大

B. 静态（static）类别变量的生存期贯穿于整个程序的运行期间

C. 函数的形参都属于全局变量

D. 未在定义语句中赋初值的 auto 变量和 static 变量的初值都是随机值

二、编程题

1. 编写函数，计算两整数和，然后编写主函数调用并验证。

2. 编写函数，求整数绝对值，然后编写主函数调用并验证。

3. 编写函数，计算 m^n，然后编写主函数调用并验证。

4. 编写函数，计算 $s=1+\dfrac{1}{2!}+\dfrac{1}{3!}+\cdots+\dfrac{1}{n!}$，然后编写主函数调用并验证。

第 9 章 编译预处理

本章目标

预处理命令的使用可以改进程序设计环境，提高编程效率，使程序具有可移植性。通过本章的学习，读者应该掌握以下内容：

- 宏定义。
- 文件包含。
- 条件编译。

9.1 引 例 分 析

下面有一较为完整的 C 语言源程序的格式范例。其功能为计算输出已知三条边的三角形的面积。

源程序：

```
#include  <math.h>                   /*math.h包含相关数学函数的原型说明*/
#include  <stdio.h>                  /*stdio.h包含相关I/O函数的原型说明*/
#define  TRUE 1                      /*宏定义*/
#define  FALSE 0
typedef int BOOL;                    /*对类型说明符定义新的别名*/
float area(float a,float b,float c); /*计算边长为a、b、c的三角形面积*/
BOOL valid(float a,float b,float c); /*验证a、b、c是否为三角形边长*/
void main()
{
    float a,b,c;
    do{
        printf("请输入正确的三个边长值: \n");
        scanf("%f,%f,%f",&a,&b,&c);
    }while(!valid(a,b,c));           /*验证失败重新输入,验证成功离开循环*/
    printf("Area=%-7.2f\n",area(a,b,c));
}
BOOL valid(float a,float b,float c)
{
    if(a+b>c&&a+c>b&&b+c>a&&a>0.0&&b>0.0&&c>0.0)  return TRUE;
    else  return FALSE;
}
float area(float a,float b,float c)
{
```

```
    float s,area_s;
    s=(a+b+c)/2.0;
    area_s=sqrt(s*(s-a)*(s-b)*(s-c));
    return(area_s);
}
```

分析与说明：

（1）该源程序的开始部分以"#"的开头行就是编译预处理命令。

（2）#include 为文件包含预处理命令，作用为将紧跟其后的头文件（*.h）或源程序文件（*.c）的内容扩展到该位置。例如，程序中函数 sqrt()的原型声明在头文件 math.h 中，所以需要用 #include 将其调用。

（3）#define 为宏定义预处理命令，其基本的用途是用指定的标识符（即名称）来代表一个字符串。在程序中定义符号 TRUE 来表示 1，定义符号 FALSE 来示 0，使程序可读性更强。

（4）程序中的"typedef int BOOL;"语句不是预处理命令，typedef 是 C 语言关键字，用以给已有的数据类型起一个别名。该程序中将 int 再起个别称 BOOL，它们是同一类型。

9.2　基本知识与技能

在 C 语言中，凡是以"#"号开头的行，都称为"编译预处理"命令行。在此之前常用的由#include、#define 开始的程序行就是编译预处理命令行。

所谓"编译预处理"就是在 C 编译程序对 C 源程序进行编译前，由编译预处理程序对这些编译预处理命令行进行处理的过程。这些预处理命令是由 ANSI C 统一规定的，但是它不是 C 语言本身的组成部分，不能直接对它们进行编译（因为编译程序不能识别它们）。

预处理命令组成的预处理命令行必须在一行的开头以"#"号开始，每行的末尾不得加";"号结束，以区别于 C 语句、定义和说明语句。这些命令行的语法与 C 语言中其他部分的语法无关；它们可以根据需要出现在程序的任何一行的开始部位，其作用一直持续到源文件的末尾。

C 提供的预处理功能主要有以下三种：

（1）宏定义（#define、#undef）。

（2）文件包含（#include）。

（3）条件编译（#if、#else、#elif、#endif、#ifdef、#ifndef、#line、#pragma、#error）。

分别用宏定义命令、文件包含命令、条件编译命令来实现。为了与一般 C 语句相区别，些命令以符号"#"开头。

9.2.1　宏定义

1．不带参数的宏定义

用一个指定的标识符（即名字）来代表一个字符串，它的一般形式为

`#define  标识符  字符串`

这就是已经介绍过的定义符号常量。如：

`#define  PI  3.14159`

它的作用是指定用标识符 PI 来代替"3.14159"这个字符串，在编译预处理时，将程序在该命令以后出现的所有的 PI 都用"3.14159"代替。这种方法使用户能以一个简单的字代替一个长的字符串，因此把这个标识符（名字）称为"宏名"，在预编译时将宏名替换成字符串的过

程称为"宏展开"。#define 是宏定义命令。

【**例 9.1**】宏定义命令。

```c
#include <stdio.h>
#define  PI  3.14159
void main()
{
    float l,s,r,v;
    printf("input radius: ");
    scanf("%f",&r);
    l=2*PI*r;
    s=PI*r*r;
    v=3.0/4*PI*r*r*r;
    printf("l=%10.4f\ns=%10.4f\nv=%10.4f\n",l,s,v);
}
```

运行情况如下：

```
input radius: 4
l=    25.1327
s=    50.2654
v=   150.7963
```

要点说明：

（1）宏名一般习惯用大写字母表示，以便与变量名相区别。但这并非规定，也可用小写字母。

（2）使用宏名代替一个字符串，可以减少程序中重复书写某些字符串的工作量,也增加程序的可修改性。例如，如果不定义 PI 代表 3.14159，则在程序中要多处出现 3.14159，不仅麻烦，而且容易写错（或敲错），用宏名代替，简单不易出错，因为记住一个宏名（它的名字往往用容易理解的单词表示）要比记住一个无规律的字符串容易，而且在读程序时能立即知道它的含义；当需要改变某一个常量时，可以只改变#define 命令行，程序中的宏均会改变。增加了程序的可修改型和可读性。

（3）宏定义不是 C 语句，不必在行末加分号。如果加了分号则会连分号一起进行置换。如：

```c
#define  PI  3.14159;
area=PI*r*r;
```

经过宏展开后，该语句为

```c
area=3.14159;*r*r;
```

显然出现语法错误。

（4）#define 命令出现在程序中函数的外面，宏名的有效范围为定义命令之后到本源文件结束。通常，#define 命令写在文件开头，函数之前，作为文件一部分，在此文件范围内有效。

（5）宏定义允许嵌套，在宏定义的字符串中可以使用已经定义的宏名，可以层层置换。

【**例 9.2**】宏定义嵌套。

```c
#include <stdio.h>
#define  PI 3.14
#define  ADDPI  (PI+1)
#define  TWO_ADDPI  (2*ADDPI)
void main()
```

```
{
    float x;
    x=TWO_ADDPI/2;
    printf("x=%f\n",x);
}
```

运行情况如下：

```
x=4.140000
```

如果第二行和第二行中的"替换文本"不加括号，直接写成"PI+1"和"2*ADDPI"，则以上表达式展开后将成为：x＝2*3.14+1/2。由此可见，在使用宏定义时一定要考虑到替换后的实际情况，否则很容易出错。

（6）替换文本不能替换双引号中与宏名相同的字符串。例如，如果 YES 是已定义的宏名，则不能用与它相关的替换文本来替换 printf("YES")中的 YES。

替换文本并不替换用户标识符中的成分。例如，宏名 YES，不会替换标识符 YESOILNO 中的 YES。

（7）宏定义是专门用于预处理命令的一个专用名词，它与定义变量的含义不同，只作字符替换，不分配内存空间。

（8）在 C 程序中，宏定义的定义位置一般写在程序的开头。

2. 带参数的宏定义

不是进行简单的字符串替换，还要进行参数替换。其定义的一般形式为

```
#define  宏名(参数表)  字符串
```

字符串中包含在括弧中所指定的参数。如：

```
#define  S(a,b) a*b
area=S(3,2);
```

定义矩形面积 S，a 和 b 是边长。在程序中用了 S(3,2)，把 3、2 分别代替宏定义中的形式参数 a、b，即用 3*2 代替 s(3,2)。因此赋值语句展开为

```
area=3*2;
```

对带参的宏定义是这样展开置换的：在程序中如果有带实参的宏（如 S(3,2)），则按#define命令行中指定的字符串从左到右进行置换。如果字符串中包含宏中的形参（如 a、b），则将程序语句中相应的实参（可以是常量、变量或表达式）代替形参，如果宏定义中的字符串中的字符不是参数字符（如 a. b 中的"."），则保留。这样就形成了置换的字符串，如图 9-1 所示。

【例 9.3】带参的宏定义。

```
#include <stdio.h>
#define  PI  3.1415926
#define  S(r)  PI*r*r
void main()
{
    float a,area;
    a=3.6;
    area=S(a);
    printf("r=%f\narea=%f\n",a,area);
}
```

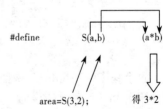

图 9-1 带参数的宏替换

运行结果：

```
r=3.600000
area=40.715038
```

赋值语句 area=S(a);经宏展开后为

```
area=3.1415926*a*a;
```

要点说明：

（1）对带参数的宏的展开，只是将语句中宏名后面括号内的实参字符串代替#define 命令行中的形参。例 9.3 中语句中有 S(a)，在展开时，找到#define 命令行中的 S(r)，将 S (r)中的实参 a 代替宏定义中的字符串 "PI*r*r" 中的形参 r，得到 PI*a*a。这是容易理解而且不会发生问题的。但是，如果有以下语句：area=S(a+b);这时把实参 a+b 代替 PI*r*r 中的形参 r，变为 area=PI*a+b*a+b;请注意在 a+b 外面没有括弧，显然这与程序设计者的原意不符。原意希望得到 area=PI*(a+b)*(a=b);为了得到这个结果，应当在定义时，在字符串中的形式参数外面加一个括弧。即#define S(r) PI*(r)*(r)在对 S(a+b)进行宏展开时，将 a+b 代替 r，就成了 PI*(a+b)*(a+b)，达到了目的。

（2）在宏定义时，在宏名与带参数的括弧之间不应加空格，否则将空格以后的字符都作为替代字符串的一部分。例如，如果有#define S (r) PI*r*r 被认为 S 是符号常量（不带参的宏名），它代表字符串 "(r) PI*r*r"。结果显然是错的。

（3）有些读者容易把带参数的宏和函数混淆。的确，它们之间有一定类似之处，在引用函数时也是在函数名后的括弧内写实参，也要求实参与形参的数目相等。但是带参的宏定义与函数是不同的，如：在宏替换中，对参数没有类型的要求。

3．终止宏定义

可以用#undef 提前终止宏定义的作用域。

【例 9.4】使用#undef 终止宏定义。

```
#define  PI 3.14159
#include <stdio.h>
void main()
{
    printf("main:%f",PI);
    func();
}
#undef  PI                      /*终止宏定义*/
func()
{
    printf("func: %f",PI);      /*认识的符号名 PI*/
    return;
}
```

这个程序由于在 func()函数前，通过#undef PI 终止了宏名 PI 的作用域，而 func()函数又使用了宏名 PI，因而是错误的。去掉 #undef PI 程序就是正确的。

9.2.2 文件包含

所谓 "文件包含" 处理是指一个源文件可以将另外一个源文件的全部内容包含进来，即将另外的文件包含到本文件之中。C 语言提供了#include 命令用来实现"文件包含"的操作。#include 命令行的形式如下：

```
#include    "文件名"
```

或

```
#include    <文件名>
```

在预编译时，预编译程序将用指定文件中的内容来替换此命令行。如果文件名用双引号括起来，系统先在源程序所在的目录内查找指定的包含文件，如果找不到，再到系统指定的目录中去寻找。如果文件名用尖括号括起来，系统到指定的标准目录中去寻找。

图 9-2（a）为文件 file1.c，它有一个#include <file2.c>命令，然后还有其他内容（以 A 表示）。图 9-2（b）为另一文件 file2.c，文件内容以 B 表示。在编译预处理时，要对#include 命令进行"文件包含"处理：将 file2.c 的全部内容复制插入到#include <file2.c>命令处，即 file2.c 被包含到 file1.c 中，得到图 9-2（c）所示的结果。在编译中，将"包含"以后的 file1.c（即图 9-2（c））作为一个源文件单位进行编译。

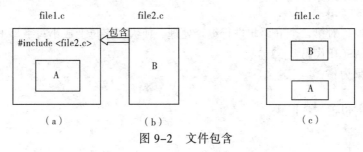

图 9-2 文件包含

9.3 知识与技能扩展

9.3.1 条件编译

一般情况下，源程序中所有的行都参加编译，但是有时希望对其中一部分内容只在满足一定条件才进行编译，也就是对一部分内容指定编译的条件，这就是"条件编译"。有时，希望当满足某条件时对一组语句进行编译，而当条件不满足时则编译另一组语句。

【例 9.5】输入一行字母字符，根据需要设置条件编译，使之能将字母全改为大写输出，或全改为小写字母输出。

```
#define  LETTER  1
void main()
{
    char str[20]="c language",c;
    int i;
    i=0;
    while((c=str[i])!='\0')
    {
        i++;
        #if LETTER
        if(c>='a'&&c<='z')
        c=c-32;
        #else
        if(c>='A'&&c<='Z')
```

```
            c=c+32;
            #endif
            printf("%c",c);
        }
}
```

运行结果：

```
C LANGUAGE
```

分析与说明：

（1）先定义 LETTER 为 1，这样在对条件编译命令进行预处理时，由于 LETTER 为真（非零），则对第一个 if 语句进行编译，运行时使小写字母变大写。

（2）如果将程序第一行改为：

```
#define  LETTER  0
```

则在预处理时，对第二个 if 语句进行编译处理，使大写字母变成小写字母（大写字母与相应的小写字母的 ASCII 代码差 32）。

此时运行结果为：

```
c language
```

条件编译命有以下三种形式：

第一种形式：

```
#ifdef  标识符
    程序段1
#else
    程序段2
#endif
```

其作用是当所指定的标识符已经被#define 命令定义过，则在程序编译段只编译程序段 1，否则编译程序段 2。其中#else 部分可以没有，即

```
#ifdef  标识符
    程序段1
#endif
```

这里的"程序段"可以是语句组，也可以是命令行。

例如，在调试程序中插入以下的条件编译段：

```
#ifdef  DEBUG
    printf("x=%d,y=%d,z=%d\n",x,y,z);
#endif
```

如果在它的前面有以下命令行：

```
#define  DEBUG
```

则在程序运行时输出 x，y，z 的值，以便调试分析。调试完成后只需将这个#define 命令行删去即可，有人可能觉得不用条件编译也可达此目的，即在调试时加一批 printf 语句，调试后一一将 printf 语句删去。的确，这是可以的。但是，当调试时加的 printf 语句比较多时，修改的工作量是很大的。用条件编译，则不必一一删改 printf 语句，只需要删除前面的一条"#define DEBUG"命令即可，这时所有用 DEBUG 作标识符的条件编译段都使其中的 printf 语句不起作用，即起统一控制的作用，如同一个"开关"一样。

第二种形式：

```
#ifndef 标识符
    程序段 1
#else
    程序段 2
#endif
```

该形式只是第一行与第一种形式不同，将 ifdef 改为 ifndef。其作用是若标识符未被定义过则编译程序段 1，否则编译程序段 2。这种形式与第一种形式的作用相反。

以上两种形式用法差不多，根据需要任选一种，视难易程度而定。例如，上面调试时输出信息的条件编译段也可以改为：

```
#ifndef RUN
    printf("x=%d,y=%d,z=%d\n",x,y,z)
#endif
```

如果在此之前未对 RUN 定义，则输出 x、y、z 的值。调试完成后，在运行之前，加上以下命令行：

```
#define  RUN
```

则不再输出 x、y、z 的值。

第三种形式：

```
#if  表达式
    程序段 1
#else
    程序段 2
#endif
```

其作用是当指定的表达式值为真（非零）时就编译程序段 1，否则编译程序段 2。可以事先给定一定的条件，使程序在不同的条件下执行不同的功能。

9.3.2 typedef 关键字与宏定义的区别

C 语言不仅有丰富的内置基本数据类型，如 int、float、double、long、char 等)，而且允许用户自定义数据类型（如结构体、共用体、数组、枚举类型等）。

在编写程序时，除了可以使用内置的基本数据类型名和自定义的数据类型名以外，还可以为一个已有数据类型另外命名。这样，就可以根据不同的应用场合，给已有的类型起一些有具体意义的别名，有利于提高程序的可读性，给较长的类型名另起一个短名，可以使程序简洁。typedef 就是用于将一个标识符声明成某个数据类型的别名，然后将这个标识符当做数据类型使用。

1. 用 typedef 规定新类型的方法

类型定义的语法形式为：

```
typedef   已存在的类型    新的类型
```

例如：

```
typedef  int  INTEGER;
typedef  float  REAL;
```

指定用 INTEGER 代表 int 类型，REAL 代表 float。

此时下面两行等价：

```
int   x,y;
INTEGER  x,y;
```

2. 用 typedef 规定新类型的作用

（1）提高程序可读性。例如在一程序中，一个整型变量用来计数，可用以下方式：

```
typedef int   COUNT;
COUNT  x;
```

已将变量 x 定义为 COUNT 类型，而 COUNT 等价于 int，因此是整型。在程序中将 x 定义为 COUNT 类型，可以使人更一目了然地知道它是用于计数的。

（2）使程序简洁。typedef 可以定义复合构造类型，如指针和数组。例如，不用像下面这样重复定义有 81 个字符元素的数组：

```
char line[81];
char text[81];
```

而可以定义一个 typedef，每当要用到相同类型和大小的数组时，可用以下方式：

```
typedef char Line[81];
Line text, secondline;
```

这相当于定义了两个长度为 81 字符数组：数组名分别为 text 和 secondline。

同样，可以像下面这样隐藏指针语法：

```
typedef char * PSTR;
PSTR string="hello,world.";
```

这相当于定义了名称为 string 字符型指针变量。

（3）有利于程序的通用与移植。例如，有的计算机系统 int 型数据占用 2 字节，另外一些计算机系统以 4 字节存放一个整数。如果把 C 程序从一个以 4 字节存放一个整数的系统移植到以 2 个字节存放一个整数的系统，按一般办法需将定义变量中的每个 int 改为 long。如果程序中有多处用 int 定义变量，则要多处改动。现用一个 INTEGER 来声明 int：

```
typedef int   INTEGER;
```

在程序中所有变量用 INTEGER 来定义，则在移植时只需改动 typedef 定义体即可：

```
typedef long   INTEGER;
```

3. 使用 typedef 的说明

（1）typedef 只能对已经存在的类型增加一个名字，而不能自己去创造一个新的类型。即相当于一种类型有两种或若干种写法。如：

```
typedef  int  COUNT;
```

COUNT 代表 int 型，相当于 int 型一个别名。

（2）typedef 可以对各种已存在的类型增加新的类型名，但不能用来定义变量名，增加新的类型可以是数组类型、字符串类型、结构体类型等。

例如：

```
typedef   int   A[10];
A     x,y,z;
```

相当于定义了三个一维数组即 x[10]，y[10]，z[10]。

例如：

```
typedef  char  *Pt;
Pt    p,q[20];
```

相当于 char *p, *q[20];

4. typedef 关键字与宏定义的区别

typedef 是关键字，不是编译预处理命令。typedef 与 define 很相似，但有本质区别。例如：

```
typedef   int    COUNT
#define  COUNT    int
```

作用都是用 COUNT 代表 int 。但两者含义不相同，#define 是在预编译时处理的，它只作简单替换，不作语法检查，而 typedef 是在编译时处理的，它相当于给某种类型换了个名称。

应注意用 typedef 定义数据说明符和用宏定义表示数据类型的区别。

宏定义只是简单的字符串代换，是在预处理完成的，而 typedef 是在编译时处理的，它不是作简单的代换，而是对类型说明符重新命名。被命名的标识符具有类型定义说明的功能。

请看下面的例子：

```
#define   PIN1      int *
typedef   (int *)   PIN2;
```

从形式上看这两者相似，但在实际使用中却不相同。

下面用 PIN1，PIN2 说明变量时就可以看出它们的区别：

```
PIN1 a , b;   在宏代换后变成：
int *a,b;
```

表示 a 是指向整型的指针变量，而 b 是整型变量。

然而：

```
PIN2 a,b;
```

表示 a, b 都是指向整型的指针变量。因为 PIN2 是一个类型说明符。由这个例子可见，宏定义虽然也可表示数据类型，但毕竟是作字符代换。在使用时要分外小心，以免出错。

9.4　典　型　案　例

【案例 1】用宏定义#define 命令实现两整数交换

用宏定义实现任意两整数交换的操作。

程序源代码：

```
#include  "stdio.h"
#define   exchange(a,b) { \          /*宏定义要求用反斜框续行*/
                        int t;\
                        t=a;\
                        a=b;\
                        b=t;\
                        }
void main()
{
    int x=10;
    int y=20;
    printf("x=%d; y=%d\n",x,y);
    exchange(x,y);
```

```
        printf("x=%d; y=%d\n",x,y);
    }
```

程序说明：宏定义中如有换行，必需用"\"续行，否则，宏定义在本行就结束了。

【案例2】利用编译预处理改写第6章【案例4】

编程输出100以内所有素数，分5列输出。

程序源代码：

文件1：mainprog.c。

```c
#include <stdio.h>
#include "sub.h"
void main()
{
    int i,tab=0;
    for(i=2;i<=100;i++)
        if(isprime(i))
        {
            printf("%d",i);
            if(tab==4) printf("\n");
            else  printf("\t");
            tab=(tab+1)%5;
        }
    printf("\n");
}
```

文件2：sub.h。

```c
#ifndef SUB_H
#define SUB_H
#define true 1
#define false 0
typedef int bool;
bool isprime(int n);
#endif
```

文件3：sub.c。

```c
#include  "sub.h"
bool isprime(int n)
{
    int i;
    bool res=false;
    for(i=2;i<=n-1;i++)
        if(!(n%i)) break;
    if(i==n)
        res=true;
    return res;
}
```

运行结果：

```
2       3       5       7       11
```

13	17	19	23	29
31	37	41	43	47
53	59	61	67	71
73	79	83	89	97

程序说明：

（1）以上源程序分三个文件，依次编辑并按指定名保存。

（2）用第 8 章介绍的"多个源程序文件的编译"方法编译并运行该程序。

（3）sub.h 文件中的#ifndef SUB_H 条件编译表示只要宏定义过该符号，则不需再编译其中的内容，即可使得在其他同一源文件中多次#include 包含 sub.h 而不致出现"重复定义"的错误。

小　　结

（1）所谓"编译预处理"就是在 C 编译程序对 C 源程序进行编译前，由编译预处理程序对这些编译预处理命令行进行处理的过程。

（2）预处理命令的使用可以改进程序设计环境，提高编程效率，使程序具有可移植性。

（3）C 提供的预处理功能主要有以下三种：宏定义、文件包含、条件编译。

习　　题

一、选择题

1. 在宏定义#define　PI　3.14159 中，用宏名代替一个（　　　）。

  A. 常量　　　　　　　　B. 单精度数　　　　　　C. 双精度数　　　　　　D. 字符串

2. 以下叙述中不正确的是（　　　）。

  A. 预处理命令行都必须以#号开始

  B. 在程序中凡是以#号开始的语句行都是预处理命令行

  C. C 程序在执行过程中对预处理命令行进行处理

  D. "#define　IBM_PC"是正确的宏定义

3. 在"文件包含"预处理语句的使用形式中，当#include 后面的文件用了双引号时，寻找被包含文件的方式是（　　　）。

  A. 直接按系统设定的标准方式搜索目录

  B. 先在源程序所在目录搜索，再按系统设定的标准方式搜索

  C. 仅仅搜索源程序所在目录

  D. 仅仅搜索当前目录

4. 在"文件包含"预处理语句的使用形式中，当#include 后面的文件用了< >（尖括号）时，寻找被包含文件的方式是（　　　）。

  A. 仅仅搜索当前目录

  B. 仅仅搜索源程序所在目录

  C. 直接按系统设定的标准方式搜索目录

  D. 先在源程序所在目录搜索，再按系统设定的标准方式搜索

5. 若有以下宏定义:

```
#define  N  2
#define  Y(n)  ((N+1)*n)
```

则执行语句 z=2*(N*Y(5)); 后的结果是 (   )。

    A. 语句有错误   B. z=34   C. z=60   D. z 无定值

6. 若有以下宏定义:

```
#define  MOD(x, y)    x%y
```

则执行以下语句后的输出为 (   )。

```
int z,a=15,b=100;
z=MOD(b,a);printf("%d\n", z++);
```

    A. 11   B. 10   C. 6   D. 宏定义不合法

7. 以下程序的运行结果是 (   )。

```
#define  MAX(A,B)  (A)>(B)?(A):(B)
#define  PRINT(Y)  printf("Y=%d\t",Y)
void main()
{
    int a=1, b=2, c=3, d=4, t;
    t=MAX(a+b, c+d);
    PRINT(t);
}
```

    A. Y=3   B. 存在语法错误   C. Y=7   D. Y=0

8. 对下面程序段:

```
#define  A  3
#define  B(a)  ((A+1)*a)
…
x=3*(A+B(7));
```

正确的判断是 (   )。

    A. 程序错误, 不许嵌套宏定义   B. x=93

    C. 程序错误, 宏定义不许有参数   D. x=21

二、填空题

1. 设有以下宏定义:

```
#define  WIDTH    80
#define  LENGTH   WIDTH+40
```

则执行赋值语句: v=LENGTH*20; (v 为 int 变量) 后, v 的值为 _____。

2. 下面程序段的运行结果是 _____。

```
#define  DOUBLE(r)  r*r
void main()
{
    int x=1,y=2,t;
    t=DOUBLE(x+y);
    printf("%d\n",t);
}
```

3. 下面程序段的运行结果是 _____。

```
#define  MUL(z)  (z)*(z)
```

```
    void main()
    {
        printf("%d\n",MUL(1+2)+3);
    }
```

4. 下面程序段的运行结果是_____。
```
#define   POWER(x)   ((x)*(x))
    void main()
    {
        int i=1;
        while(i<=4)printf("%d\t",POWER(i++));
        printf("\n");
    }
```

5. 下面程序段的运行结果是_____。
```
#define   EXCH(a,b)   {int t;t=a;a=b;b=t;}
    void main()
    {
        int x=5,y=9;   EXCH(x,y);
        printf("x=%d,y=%d\n",x,y);
    }
```

6. 下面程序段的运行结果是_____。
```
#define   MAX(a,b)   (a>b?a:b)+1
    void main()
    {
        int i=6,j=8,k;
        printf("%d\n",MAX(i,j));
    }
```

7. 设有下面宏定义：
```
#define  MIN(x,y)  (x)>(y)?(x):(y)
#define  T(x,y,r)  x*r*y/4
```
则执行以下语句后，s1 的值为_____；s2 的值为_____。
```
int a=1,b=3,c=5,s1,s2;
s1=MIN(a=b,b-a);
s2=T(a++,a*++b,a+b+c);
```

8. 下面程序段的运行结果是_____。
```
#define   A   4
#define   B(x)   A*x/2
    void main()
    {
        float c,a=4.5;
        c=B(a);
        printf("%5.1f\n",c);
    }
```

9. 下面程序段的运行结果是_____。
```
#include "stdio.h"
#define   MUL(x,y)   (x)*y
    void main()
    {
```

```
    int a=3,b=4,c;
    c=MUL(a++,b++);
    printf("%d\n",c);
}
```

10. 下面程序段的运行结果是_____。

```
#define  PR(a)  printf("%d\t",(int)(a))
#define  PRINT(a)  PR(a);printf("ok!")
void main( )
{
    int i,a=1;
    for(i=0;i<3;i++)
    PRINT(a+i);
    printf("\n");
}
```

第 10 章　指　针

本章目标

　　指针是 C 语言中的一个重要概念。运用指针，可以像汇编语言一样处理内存地址，编写出精练而高效的程序，极大地丰富了 C 语言的功能。能否正确理解和使用指针是是否掌握 C 语言的一个标志。通过本章的学习，读者应掌握以下内容：

- 变量的指针和指针变量。
- 指针的运算。
- 指针与数组。
- 指针作为函数参数。
- 字符指针。
- 函数的指针。
- 指针数组和指向指针变量的指针。

10.1　引例分析

利用指针操作方式，将源数组 s1 中的字符串复制到目标数组 s2。

源程序：

```
#include <stdio.h>
void main()
{
    char s1[]="Welcome to Beijing.", s2[20];
    char *p1, *p2;            /*定义 p1、p2 为指针变量*/
    p1=&s1[0];               /*将 p1 指向 s1 的第一个元素*/
    p2=&s2[0];               /*将 p2 指向 s2 的第一个元素*/
    while(*p2++=*p1++);      /*其中"*p1"表示 p1 指向的目标元素，"++"表示下移*/
    puts(s2);
}
```

运行结果：

Welcome to Beijing.

分析与说明：

（1）定义变量时在前面加"*"号表示定义指针变量。

（2）程序执行过程中指针变量前的"*"号表示指针所指目标对象。

（3）表达式中"*p1++"的"++"是 p1 操作，而不是对（*p1）操作，但是因为是后置，所以++运算是稍后进行，即在*p1=*p2 运算完成后两指针同时后移。

（4）句中的"p1=&s1[0]"是将第一个元素地址（数组首指针）赋值给指针变量p1，因数组名也表示数组首地址，所以一般也可写为"p1=s1"。

（5）句中的 while 循环是一个空循环体结构，这里的循环条件里的赋值操作起到了循环执行的效果。

10.2　基本知识与技能

10.2.1　变量的指针和指针变量

1．指针的概念

变量是对程序中数据存储空间的抽象，编译或函数调用时为其分配内存单元，即变量是跟内存中的内存单元相对应的。内存中每个存储单元都有一个编号——地址，如图 10-1 所示。

"指针"就是一个变量在内存中的地址。也就是说，一个变量在内存空间中的所在地址称为该变量的指针。

一个专门用来保存其他变量地址的变量，就是指针变量，如图 10-2 所示。

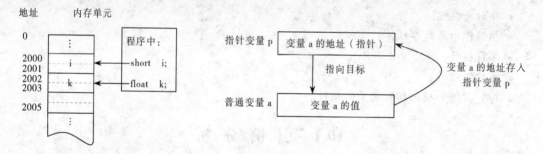

图 10-1　变量在内存中的存放　　　　　　图 10-2　指针和指针变量

上图中指针变量 p 保存了变量 a 的地址（保存了指向变量 a 的指针），则可称为 p 指向变量 a，变量 a 为指针 p 的目标。

所以，如果取得了变量的指针后，既可"直接"用变量名去访问变量，也可用指针目标"间接"访问变量。

2．指针变量的定义格式

类型说明符　*变量名；

例如：int　*p;

该指针变量的定义包括三个要素：

指针类型说明符（*）：指明变量为一个指针变量；

指针变量名：p；

目标类型（int）：指针所指向的目标数据类型为 int。

3．指针相关的两个常用操作

——目标运算符（间接访问运算符），取指针所指向的目标变量的内容（这里""的作用跟定义指针变量时的"*"区别开）。

&——取地址运算符，取变量的地址。

请看下面一个简单例子。

【例 10.1】 指针变量的常用操作

```
#include <stdio.h>
void main()
{
    int a=3, *p;
    p=&a;
    *p=*p+1;
    printf("%d\n",a);
}
```

运行结果：

4

程序说明：

请注意程序中声明语句"int *p;"中的*号是定义 p 为指针；而执行语句"*p=*p+1;"中的*号是取目标运算。

10.2.2　指针的运算

1．指针的赋值

设有指向整型变量的指针变量 p，如要把整型变量 x 的地址赋予 p 可以有以下两种方式：

方式一：定义初始化。

```
int x=3;
int *p=&x;
```

方式二：赋值语句。

```
int x=3;
int *p;
p=&x;
```

将地址赋值给指针变量 p 后，变量 x 和指针 p 的关系如图 10-3 所示。

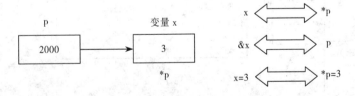

图 10-3　指针变量 p 和所指目标 x 的关系

说明：

（1）指针变量一定要先赋初值而后引用目标，所赋初值一定要为某变量或数组地址（如例 10.1）；

（2）不允许把一个非零数值赋予指针变量，故下面的赋值是错误的：

```
int *p;p=1000;
```

（3）如果需明确指出暂时没有目标，可以按如下方式赋值，以免出现目标的错误引用：

p=NULL 或 p=0，这样的指针称空指针。

【例 10.2】输入 a 和 b 两个整数，按先大后小的顺序输出 a 和 b。

```
void main()
{
    int *p1,*p2,*p,a,b;
    scanf("%d,%d",&a,&b);
    p1=&a;p2=&b;
    if(a<b)
        {p=p1;p1=p2;p2=p;}
    printf("\na=%d,b=%d\n",a,b);
    printf("max=%d,min=%d\n",*p1, *p2);
}
```

程序说明：

首先让 p1、p2 指向两个整型目标，然后比较两目标，确保让 p1 指向大整数值变量，p2 指向小整数值变量。

2．指针的加减算术运算

指针变量的算术运算是仅含指针变量值加、减一个整数的操作。也就是说，只能用算术运算符 "+"、"–"、"++" 和 "––" 对指针进行加、减一个整数的处理，而不允许对指针做乘、除法运算，不允许对两个指针进行相加或移位运算，也不允许对指针加、减一个 float 类型或 double 类型的数据。一般有如下格式：

p±i（i 为整型数）：p±1 是向前（高地址方向）或向后（低地址方向）移动一个目标空间大小的位置。p±i 为向前或向后偏移 i 个目标空间大小的位置。

例如，如 p 指向一个整型目标变量，则 p±1 为向前或向后移动 2 B 大小的位置。

p++, p––, p+i, p–i, p+=i, p–=i 等是将计算结果赋值给指针 p。

p1–p2：计算两个指针所指的目标偏移距离。

例如，如果 p1、p2 为整型指针，假设指向内存中相邻的整型目标，且 p2 指向大地址方向，则 p2–p1= 1，如图 10-4 所示。

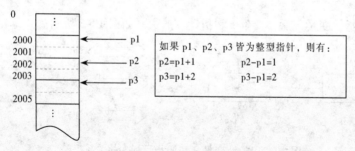

图 10-4　指针算术运算

要特别注意的是，上面指针的移动 1 步有多远（多少 B），这跟目标变量类型有关，如果是整型，移动一步是 2 B，如果是 float，移动 1 步是 4 B，程序员无须关心。

指针的各算术运算主要体现在指针变量对数组的处理上，后面将专门介绍。这里先简单地以一个指向数组的指针为例来说明该类操作的应用。如在下列语句中：

```
int a[5]={1,2,3,4,5};
int *p;
p=a;
```

```
p++;
p+=3;
p--;
```

指针变量 p 指向数组 a 的第一个元素 a[0]，即该数组的起始地址，这时*p 的值是 1。若指针变量加 1，则指针指向数组的下一个元素 a[1]，*p 的值为 2。然后指针变量再加 3，指针指向数组的第 5 个元素 a[4]，*p 的值变为 5。接着指针变量减去 1，指针指向数组的上一个元素 a[3]，*p 的值变为 4。即指针每递增一次，就指向后一个数组元素的内存单元；指针每递减一次，就指向前一个数组元素的内存单元。

3．指针的关系运算

用关系运算符对两个指针变量进行比较，只有在它们都指向同一个数组中元素的情况下方可进行，不允许对指向不同数组元素的指针变量进行任何一种类型的比较。关系运算符 ">"、"<"、"=="、"<="、"!=" 都适用于对符合上述条件的指针变量的比较。假设 p1，p2 是指向同一数组元素的指针变量，p1 所指向的数组元素在 p2 指向的元素之前时，表达式 "p1<p2" 的值为 1（真），否则为 0（假）。当 p1，p2 指向数组的同一元素时，p1==p2 为真，否则为假。

10.2.3　指针作为函数参数

函数的参数不仅可以是整型、实型、字符型等值类型数据，还可以是指针类型。它的作用是将一个变量的地址传送到另一个函数中。

按照函数的形式参数是值类型数据还是指针类型可把函数形参分别称为值参数和指针参数，相应地在函数被调用过程中参数的传递方式分为值传递方式和地址传递。在第 8 章的 8.2.5 数组作为函数参数这一小节中，学习过以数组名作为函数的形式参数来接收实参组，其参数的传递方式即为地址传递。

在值传递过程中，"主调函数"调用"被调函数"时把实参值传递给形参，形参通常是局部动态临时变量，形参的改变对实参没有任何影响，因此不能企图改变形参的值而达到处理实参的目的，它的影响是单向的。

充分利用指针，也能够通过函数调用的形式改变主调函数实参值。实参与形参变量共指向同一个内存空间，引用的是同一目标值，也都可以对目标值进行修改，指针作参数对值的影响是双向的。

【例 10.3】编写子函数 swap()，实现两整型变量数据交换。

```
#include <stdio.h>
void swap(int *px,int *py);      /*声明子函数*/
void main()
{
    int a=8,b=15;
    printf("before swap: a=%d,b=%d\n",a,b);
    swap(&a,&b);                 /*实参为地址&a、&b*/
    printf(" after swap: a=%d,b=%d\n",a,b);
}
void swap(int *px,int *py)       /*定义了 2 个指针形式参数 px,py*/
{
    int t;
    t=*px;                       /*以下 3 句完成 px 和 py 所指向目标的交换工作*/
```

```
        *px=*py;
        *py=t;
}
```

运行结果:
```
before swap: a=8,b=15
after swap: a=15,b=8
```

程序说明:

程序中, 子函数 swap()是用户定义的用来交换两个变量值的函数, 它的两个参数是指向整型目标的指针变量 px 与 py, 在主调函数中分别将两个变量 a、b 的地址(实参)传给 px 与 py (形参), 也就是把 px 指向 a, py 指向 b。

在 swap()函数中, 进行了图 10-5 所示赋值操作, 交换的是 px、py 目标变量, 而指针变量 px、py 的值(指针的指向)未发生改变。

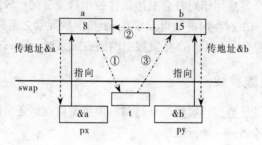

图 10-5　利用形参指针处理实参目标

再看下一例子。

【例 10.4】定义一个无返回值函数, 用来求任意两数之和, 并将结果带回主调函数。

```
void  add(int x,int y,int  *z);
void main()
{
    int a, b, c;
    scanf("%d%d",&a,&b);
    add(a,b,&c);
    printf("%d+%d=%d\n",a,b,c);
}
void  add(int x,int y,int  *z)
{
    *z=x+y;
}
```

运行结果:
```
4 5✓
4+5=9
```

程序说明:

因要求定义无返回值的函数, 但又返回结果给主调函数, 则只需在形参中定义一个指针指向返回的结果。

10.2.4　指针与一维数组

指针与数组是 C 语言中很重要的两个概念, 它们之间有着密切的关系, 利用这种关系, 可以增强处理数组的灵活性，加快运行速度。

前几章已经提到，数组名实际上是一个地址常量。而指针是地址变量，它们可以很好的结合。

一维数组实际上是一个线性表，它被存放在一片连续的内存存储单元中。C 语言对数组的访问是通过数组名（数组的起始地址）加上相对于起始地址的相对量（数组元素下标），得到要访问的数组元素的存储单元地址，然后再对数组元素的内容进行访问。

实际上，编译系统将数组元素 a[i]转换成*(a＋i)，然后再进行运算。

由此可见，C 语言对数组的处理，实际上是转换成指针地址的运算。因此，任何能由下标完成的操作，都可以用指针来实现，一个不带下标的数组名就是一个指向该数组的指针，但记住区别数组名是常量。

【例 10.5】定义一个一维数组，从键盘输入元素值，并输出。

```
void main()
{
    int i,*p,a[7];
    p=a;
    for(i=0;i<7;i++)
        scanf("%d",p++);
    p=a;
    for(i=0;i<7;i++)
        printf("%d  ",*p++);
}
```

运行结果：

```
1✓
2✓
3✓
4✓
5✓
6✓
7✓
1 2 3 4 5 6 7
```

程序说明：

（1）函数 scanf()调用需提供输入数据的地址，p 保存着元素的地址，p++使得循环过程中 p 不断指向下一个元素。

（2）*p++表达式结合过程为*(p++)，但其中的 p++为后置，所以先计算*p，然后再计算 p++，使 p 后移。

1. 一维数组元素地址表示法

如果想用一个指针变量指向数组 a，则必须首先定义一个指针，并且该指针指向的数据类型应与数组 a 的元素的类型一致，即：

```
int a[10];
int *pa;
pa=a;
```

C 语言中规定数组名代表数组的首地址，因此要想让一个指针指向一个数组，可以直接把该数组名赋给一个指针变量。由于 a[0]的地址即为数组 a 的首地址，所以下面的语句也可完成指针 pa 指向数组 a：

```
pa=&a[0];
```

由于数组元素在内存中存放是连续的，因此数组元素存放的地址也是连续的。

根据数组存放和地址计算的规则，表达式 a+1 代表数组元素 a[1]的地址，同理 a+2 代表 a[2]的地址。一般情况下 a+i 代表 a[i]的地址，作为一个特例，当 i 值为 0 时，a+0 就是 a，表示数组元素 a[0]的地址，即数组的首地址。

对于上述指向数组 a 首地址（第 1 个元素地址）的指针变量 pa，表达式 pa+i 与表达式 a+i 所表达的含义一致，即 a[i]的地址，此时也可以说 pa+i 指向 a[i]，或者说 pa+i 为 a[i]的指针，如图 10-6 所示。

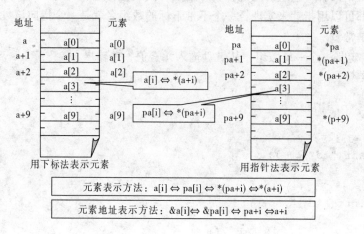

图 10-6 一维数组元素的指针法表示

【例 10.6】一维数组元素的表示法。

```c
void main()
{
    static int a[]={1,2,3,4};
    int i,*pa;
    pa=a;
    for(i=0;i<4;i++)
    {
        printf("*(a+%d)=%d  ",i,*(a+i));
        printf("*(pa+%d)=%d  ",i,*(pa+i));
        printf("pa[%d]=%d\n",i, pa[i]);
    }
}
```

运行结果：

```
*(a+0)=1  *(pa+0)=1  pa[0]=1
*(a+1)=2  *(pa+1)=2  pa[1]=2
*(a+2)=3  *(pa+2)=3  pa[2]=3
*(a+3)=4  *(pa+3)=4  pa[3]=4
```

2. 一维数组作为函数参数

这里"一维数组作为函数参数"是指将数组名（数组首地址）作为实参传递给处理函数的办法。

【例 10.7】利用函数找出数组中的最大值。

```c
int arr_max(int p[],int n)
{
```

```
    int imax=0,i;
    for(i=1;i<n;i++)
       if(p[imax]<p[i])  imax=i;
    return p[imax];
}
void main()
{
    int a[10],i ;
    for(i=0;i<10;i++)  scanf("%d",a+i);
    printf("max=%d\n",arr_max(a,10) );
}
```

运行结果：

```
7 5 4 11 12 10 6 7 4 8↙
max=12
```

在上述数组参数传递过程中，形参和实参共有四种组合方式，如表 10-1 所示。

表 10-1　数组参数传递时的形参和实参组合

实参定义及调用格式	形参定义
int a[10]; arr_max(a,10)	int arr_max(int p[] ,int n)
int a[10]; arr_max(a,10)	int arr_max(int *p ,int n)
int a[10] ,*pa=a; arr_max(pa,10)	int arr_max(int p[] ,int n)
int a[10] ,*pa=a; arr_max(pa,10)	int arr_max(int *p ,int n)

注：数组包含了首地址（数组名）和元素个数信息，所以一般传递数组时要同时传递数组长度。

10.2.5　指针与二维数组

1. 二维数组的地址

在第 5 章数组中，已经学习了二维数组，下面以二维数组为例来描述多维数组的存储结构和地址的表达形式。下面定义了一个 3 行 4 列的二维数组 a：

```
static int a[3][4]={{0,1,2,3},{42,21,1,13},{40,63,32,39}};
```

可以这样理解：a 是数组名，数组 a 中含有由 3 个一维数组组成的行元素 a[0]、a[1]和 a[2]构成，而、a[1]、a[2]又分别是三个一维数组的起始地址，它们分别包含 4 个列元素。例如：a[0]含有 a[0][0]、a[0][1]、a[0][2]和 a[0][3]，如图 10-7 所示。

从图中可以看出，二维数组名 a 代表整个二维数组存储空间的首地址，即第 0 行的首地址（假设为 f000），则 a+1 表示第 1 行的首地址（f000+4*2=f008，其中 4 代表 4 个列元素，2 代表 int 型占用 2 字节），a+2 表示第 2 行的首地址（f008+4*2=f016）。

由上图看出，a + i 是按行的空间来变化的，因此称按行变化的地址为行地址。

二维数组中 a、a+1、a+2 所指目标 a[0]、a[1]、a[2]分别代表各行元素的首地址，即 a[0]=&a[0][0]、a[1]=&a[1][0]、a[2]=&a[2][0]，可将 a[0]看成另一个一维数组的数组名，由一维数组指针变量表示法，第 0 行第 1 列元素（即 a[0][1]）地址可写为 a[0]+1（f000+1*2=f002），第 2 行第 3 列元素（即

a[2][3]）地址可写为 a[2]+3(f016+3*2=f022)。

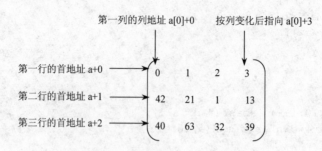

第一列的列地址 a[0]+0   按列变化后指向 a[0]+3

第一行的首地址 a+0 ⟶
第二行的首地址 a+1 ⟶
第三行的首地址 a+2 ⟶

0	1	2	3
42	21	1	13
40	63	32	39

图 10-7　二维数组行地址及列地址

此时，也可看出，a[i]+i 的放大因子是按每个单个数组元素的空间放大的，因此，可按列变化的地址为列地址。但是，不能将 a[i]看成一个变量，它只是一种计算地址的方法。

一般情况下，数组元素 a[i][j]地址可写为 a[i]+j，而由一维数组与指针关系知道，a[i]与*(a+i)完全等价，所以 a[i]+j 也可以写成*(a+i)+j。又因 a[i]+j 代表&a[i][j]，所以*(a+i)+j 也与&a[i][j]等价。因而有表达式 a[i]+j、*(a+i)+j，&a[i][j]，均相互等价。表 10-2 所示为二维数组总结行地址和列地址转换。

表 10-2　以二维数组总结一下行地址和列地址。

行　地　址	列　地　址
a	*(a+0)　或 a[0]或 *a
a+1	*(a+1)　或 a[1]
a+2	*(a+2)　或 a[2]
a+3	*(a+3)　或 a[3]

根据上面的分析，a[i]+j 或*(a+i)+j 均可表示数组元素 a[i][j]的地址。若加上指针运算符*,则表达式*(a[i]+j)或*(*(a+i)+j)应表示地址&a[i][j]所指向存储单元的内容，也就是数组元素 a[i][j]的值。另外数组元素 a[i][j]中的 a[i]可表示成*(a+i)，所以 a[i][j]又可表示为(*(a+i)+j)、(*(a+i))[j]，例如对于数组元素 a[0][0]可以表达成*a[0]和**a，数组元素 a[1][0]可以表达：*a[1]，*(*(a+1))[0]。

归纳起来看，有 5 种表示二维数组元素以及相应地址的方法，如表 10-3 所示。

表 10-3　二维数组元素以及相应地址表示方法

二维数组元素表示	二维数组元素地址表示
a[i][j]	&a[i][j]
*(a[i]+j)	a[i]+j
((a+i)+j)	*(a+i)+j
(*(a+i))[j]	a[0]+4*i+j
*(&a[0][0]+4*i+j)	&a[0][0]+4*i+j

【例 10.8】试运用 5 种方式将二维数组中的元素"999"输出。

```
#include <stdio.h>
void main()
{
```

```
int a[3][4]={1,3,9,5,6,23,999,5,46,45,32,6};
                        /*注意数组的初始化方式，按行依次赋值*/
printf("%d \n",a[1][2]);      /*999 为二维数组中的第 1 行第 2 列元素*/
printf("%d \n",*(a[1]+2));
printf("%d \n",*(*(a+1)+2));
printf("%d \n",(*(a+1))[2]);
printf("%d \n",*(&a[0][0]+4*1+2));
}
```

运行结果：

```
999
999
999
999
999
```

2. 处理二维数组的指针变量

指向二维数组的指针变量与指向一维数组的指针变量用法类似。定义指针后，将二维数组的首地址赋给指针即可。但同样要注意区分列地址和行地址。

对于二维数组，可以像处理一维数组一样用指向数组元素的指针变量，即"按列变化的指针"，这是较常用的情况；也可将二维数组看成由几个一维数组构成，然后用指针指向多个元素构成的一维数组，即所谓用"行指针"处理二维数组。与行地址、列地址的概念类似，行指针是指向二维数组行地址的指针。灵活运用各种形式指针可提高程序运行的效率和解决各种应用问题。

【例 10.9】使用指向数组元素的指针变量处理二维数组。

```
#include <stdio.h>
void main()
{
    int i,j,k=0;
    int a[3][4],*p;
    p=&a[0][0];              /*使指针变量指向二维数组首地址*/
    for(i=0;i<3;i++)
        for(j=0;j<4;j++)     /*按行列循环遍历整个数组*/
            *p++=k++;        /*将指针指向的元素赋值，注意为先引用，后自增*/
    p=&a[0][0];              /*再次使指针指向数组首地址*/
    for(i=0;i<3;i++)         /*通过循环输出所有元素*/
    {
        for(j=0;j<4;j++)
            printf("%5d",*p++);
        printf("\n");
    }
}
```

运行结果：

```
0    1    2    3
4    5    6    7
8    9    10   11
```

以上讲到的指针变量 p 都是指向数组元素的，p 的值加 1 指向当前元素的下一个元素，针对二维数组可以看做由一维数组构成的特点，可以定义一个指向由 n 个元素组成的数组的指针变量，例如：

```
int (*p)[4];
```

定义了一个指针变量 p，它指向包含 4 个整型元素的一维数组，也就是"行指针"。与指向一维数组的指针相比，它更限制了一维数组所含元素的个数。

如果 p 指向二维数组，则二维数组的每一行相当于一个一维数组，通过赋不同的地址值，p 可以指向二维数组的每一行，因此 p 又称为"行指针"。此时，若指针 p 增减 1，表示指针向下或向上移动一行元素，而不是向前或向后移动 1 个元素，这里读者体会一下"行指针"的含义。例如：

```
int a[3][4];
int (*p)[4];
p=a;
```

这里 p 指向二维数组 a 的第 0 行（首行），表达式 p+i 的含义相当于 a+i，即指针指向二维数组的第 i 行。

同二维数组元素的地址计算规则相对应，*(a+i)+j 或 a[i]+j 指向二维数组的元素地址，则 *(p+i)+j，或者 p[i]+j 指向二维数组 a 的元素 a[i][j]，同理 *(*(p+i)+j)或*(p[i][0]+j)表示数组元素 a[i][j] 的值。注意这里的 j 的值加 1 或减 1，表示指针向后或向前移动一个元素，因为 *(a+i)和*(p+i) 为列地址，而 i 的值加 1 或减 1 则指针的移动是向后或向前移动一行。

【例 10.10】使用行指针变量处理二维数组。

```
#include <stdio.h>
void main()
{
    int i,j,a[3][4];
    int (*p)[4];              /*定义一个指向 4 个整型数据的指针变量 p*/
    p=a;                      /*将二维数组的第 0 行首地址赋给 p*/
    for(i=0;i<3;i++)
        for(j=0;j<4;j++)
            a[i][j]=i+j+1;    /*直接数组元素引用,并赋值*/
    for(i=0;i<3;i++)
    {
        for(j=0;j<4;j++)
            printf("%10d",*(*(p+i)+j)); /*通过变量 p 引用*/
        printf("\n");
    }
}
```

运行结果为：

```
1        2        3        4
2        3        4        5
3        4        5        6
```

3. 二维数组作为函数参数

用函数处理二维数组，可以将函数的形式参数定义成"行指针"。

【例 10.11】利用函数计算整型二维数组前 n 行每一行的平均值。

```
/*说明函数 avg(),作用为计算行指针 p 所指二维数组前 n 行每行平均,将结保存到数组 a 前 n 个
元素*/
```

```
void avg(int (*p)[4],float a[],int n);
void main()
{
    float aver[3];
    int i, arr[][4]={ {12,34,65,33},
                      {45,33,76,45},
                      {13,54,47,53} };
    avg(arr,aver,3);
    for(i=0;i<3;i++)
      printf("aver[%d]=%.2f\n",i,aver[i]);
}
void avg(int (*p)[4],float a[], int n)
{
    int i,j;
    for(i=0;i<n;i++)
    {
        a[i]=0;
        for(j=0;j<4;j++)
          a[i]+=p[i][j]/4.0;
    }
}
```

运行结果：

```
aver[0]=36.00
aver[1]=49.75
aver[2]=41.75
```

在二维数组参数传递过程中，形参和实参也可有四种组合方式，如表 10-4 所示。

表 10-4　二维数组参数传递过程中形参和实参组合

实参定义及调用格式	形　参　定　义
int a[3][4];　　func(a,i)	void　func(int p[][4] ,int n)
int a[3][4];　　func(a,i)	void　func(int (*p)[4] ,int n)
int a[3][4] ,(*pa)[4]=a;　　func(pa, i)	void　func(int p[][4] ,int n)
int a[3][4] ,(*pa)[4]=a;　　func(pa, i)	void　func(int (*p)[4] ,int n)

10.2.6　字符串的指针和指向字符串的指针变量

1．C 语言操作字符串的两种方法

C 语言规定，字符串常量是由双引号括起来的字符序列。例如一个字符串常量："Welcome to Beijing!"，由 19 个字符所组成。在程序中如出现字符串常量，编译程序就为其安排一存储区域，这个区域是静态的，在整个程序运行过程中始终占用，而程序引用是这段存储区的首地址。

对于字符串常量的操作，可以采用前面章节的字符数组和字符指针两种形式实现。

（1）把字符串常量存放在一个字符数组之中，在数组相关章节已作详细介绍，例如：

```
char s[]="a string";
```

数组 s 共由 9 个元素所组成，其中 s[8]中的内容是'\0'。实际上，在该字符数组定义的过程中，编译程序直接把字符串复写到数组中，即对数组 s 初始化。

（2）用字符指针指向字符串，然后通过字符指针来访问字符串存贮区域。当字符串常量在表达式中出现时，它被转换成字符串常量存贮区域的首字符的地址（指针常量）。因此，若定义了一字符指针 cp：

```c
char *cp;
```

于是可用：

```c
cp="a string";
```

使 cp 指向字符串常量中的第 0 号字符 a，如图 10-8 所示。

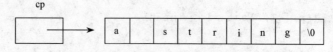

图 10-8　指向字符串的指针

这样，以后可通过 cp 来访问这一存储区域，如*cp 或 cp[0]就是字符 a，而 cp[i]或*(cp+i)就相当于字符串的第 i 号字符。

【例 10.12】输出字符串中 n 个字符后的所有字符。

```c
void main()
{
    char *ps="this is a book";
    int n=10;
    ps=ps+n;
    printf("%s\n",ps);
}
```

运行结果：

```
book
```

程序说明：

在程序中对 ps 初始化时，即把字符串首地址赋予 ps，当 ps= ps+10 之后，ps 指向字符 "b"，因此输出为"book"。

【例 10.13】复制一个字符串，但只复制其中的数字字符。

```c
#include <stdio.h>
void main()
{
    char *p="beautiful  19dfe60*7  vr18hj_+=";
    /* 初始化指针 p,使其指向一个字符串 */
    char newarr[50];              /*字符串共有 30 个字符，也可多开辟空间*/
    int i=0;
    while(*p!=0)
    {
        if(*p>='0'&&*p<='9')      /*判断所指向字符是否为数字字符*/
            newarr[i++]=*p;       /*若为数字，则赋值到 new 字符数组中*/
        p++;                      /*使 p 指向下一个字符*/
    }
    newarr[i]=0;                  /*此句是必需的，加入结束标记*/
```

```
    puts(newarr);
}
```
运行结果：
```
1960718
```
【例 10.14】用字符数组作参数。删除字符串前 n 个字符以后输出。
```
#include <stdio.h>
void del_str(char *s,int n);
void main()
{
    char str[]="abcdef1234567890";
    del_str(str,5);
    puts(str);
}
void del_str(char *s,int n)
{
    char *p=s;
    if(n>strlen(s))          /*如果 n 大于了字符串的长度，直接删除所有字符*/
    {
        p[0]='\0';
        return;
    }
    s+=n;
    while(*p++=*s++);         /*循环复制，直到最后将'\0'也复制过去*/
}
```
运行结果：
```
f1234567890
```
2．使用字符串指针变量与字符数组的区别

用字符数组和字符指针变量都可实现字符串的存储和运算。但是两者是有区别的，在使用时应注意以下几个问题：

（1）字符串指针变量本身是一个变量，用于存放字符串的首地址。而字符串本身是存放在以该首地址为首的一块连续的内存空间中并以'\0'作为串的结束。字符数组是由若干个数组元素组成的，它可用来存放整个字符串。

（2）对字符串指针方式。
```
char *ps="C Language";
```
可以写为：
```
char *ps;
ps="C Language";
```
而对数组方式：
```
char st[]="C Language";
```
不能写为：
```
char st[20];
st="C Language";
```
而只能对字符数组的各元素逐个赋值。

从以上几点可以看出字符串指针变量与字符数组在使用时的区别，同时也可看出使用指针变量更加方便。

前面说过，当一个指针变量在未取得确定地址前使用是危险的，容易引起错误。但是对指针变量直接赋值是可以的。因为 C 系统对指针变量赋值时要给出确定的地址。

因此，

```
char *ps="C Langage";
```

或者

```
char *ps;
ps="C Language";
```

都是合法的。

10.3　知识与技能扩展

10.3.1　指针数组

因为指针是变量，因此可设想用指向同一数据类型的指针来构成一个数组，这就是指针数组。数组中的每个元素都是指针变量，根据数组的定义，指针数组中每个元素都为指向同一数据类型的指针。指针数组的定义格式为：

类型标识 *数组名[整型常量表达式];

例如：

```
int *a[10];
```

定义了一个指针数组，数组中的每个元素都是指向整型量的指针，该数组由 10 个元素组成，即 a[0]、a[1]、a[2]、...、a[9]，它们均为指针变量。a 为该指针数组名，和普通数组一样，a 是常量，不能对它进行增量运算。a 为指针数组元素 a[0] 的地址，a+i 为 a[i] 的地址，*a 就是 a[0]，*(a+i) 就是 a[i]。

为什么要定义和使用指针数组呢？主要是由于指针数组处理字符串更加方便和灵活，使用二维数组对处理长度不等的文本效率低，而指针数组由于其中每个元素都为指针变量，因此通过地址运算来操作文本行是十分方便的。

指针数组和一般数组一样，允许指针数组在定义时初始化，但由于指针数组的每个元素是指针变量，它只能存放地址，所以对指向字符串的指针数组在说明赋初值时，是把存放字符串的首地址赋给指针数组的对应元素，例如下面是一个书写函数 month_name(n)，此函数返回一个指向包含第 n 月名字的字符指针。

【例 10.15】打印 1 月至 12 月的月名。

```
void main()
{
    static char *name[]={
            "Illegal month",
            "January",
            "February",
            "March",
            "April",
            "May",
            "June",
```

```
            "July",
            "August",
            "September",
            "October",
            "November",
            "December"
    };
    int i;
    for(i=1;i<=12;i++)
        printf("%s\n", name[i]);
}
```

运行结果：
```
January
February
March
April
May
June
July
August
September
October
November
December
```

10.3.2 二级指针

如果将前面的指向普通值类型变量的指针（地址）称做一级指针，那么指向一个指针变量的指针（或一个指针变量的地址）可称为二级指针，存放二级指针的变量可称之为二级指针变量，如图 10-9 所示。

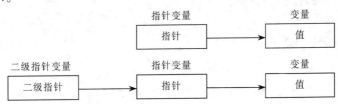

图 10-9 指向指针变量的指针

从图 10-10 中可看到，name 是一个指针数组，它的每一个元素是一个指针型数据，其值为地址。name 是一个数据，它的每一个元素都有相应的地址。数组名 name 代表该指针数组的首地址。name+1 是 mane[i]的地址。name+1 就是指向指针型数据的指针（地址）。还可以设置一个指针变量 p，使它指向指针数组元素。p 就是指向指针型数据的指针变量。

怎样定义一个指向指针型数据的指针变量呢？如下所示：

`char **p;`

p 前面有两个*号,相当于*(*p)。显然*p 是指针变量的定义形式，如果没有最前面的*，那就是定义了一个指向字符数据的指针变量。现在它前面又有一个*号，表示指针变量 p 是指向一个字符指针型变量的。*p 就是 p 所指向的另一个指针变量。

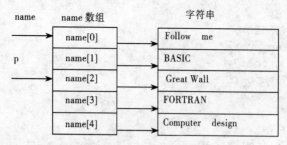

图 10-10　指向一个指针数组的二级指针

如果有：

```
p=name+2;
printf("%x\n",*p);
printf("%s\n",*p);
```

则第一个 printf()函数语句输出 name[2]的值（它是一个地址），第二个 printf()函数语句以字符串形式（%s）输出字符串"Great Wall"。

【例 10.16】使用指向指针的指针。

```
void main()
{
    char *name[]={"Follow me",
                  "BASIC",
                  "Great Wall",
                  "FORTRAN",
                  "Computer design"};
    char **p;
    int i;
    for(i=0;i<5;i++)
    {
        p=name+i;
        printf("%s\n",*p);
    }
}
```

运行结果：

```
Follow me
BASIC
Great Wall
FORTRAN
Computer design
```

程序说明：

（1）p 是二级指针变量，即指向指针的指针变量。

（2）*p 为指针变量，在这里是用来指向某一个字符串。

【例 10.17】一个指针数组的元素指向数据的简单例子。

```
void main()
{
    static int a[5]={1,3,5,7,9};
    int *num[5]={&a[0],&a[1],&a[2],&a[3],&a[4]};
    int **p,i;
```

```
    p=num;
    for(i=0;i<5;i++)
    {
        printf("%d\t",**p);
        p++;
    }
}
```

运行结果：

```
1       3       5       7       9
```

程序说明：

指针数组的元素只能存放地址。

10.3.3　带形式参数的 main()函数

前面介绍的 main()函数都是不带参数的。因此 main()后的括号中都不含内容。实际上，main()函数可以带参数，这个参数可以认为是 main()函数的形式参数。C 语言规定 main()函数的参数只能有两个，习惯上这两个参数写为 argc 和 argv。还规定 argc（第一个形参）必须是整型变量，argv（第二个形参）必须是指向字符串的指针数组。加上形参说明后，main()函数的函数头应写为：

```
void main(int argc,char *argv[])
```

或者可等效写成：

```
void main(int argc,char **argv)
```

由于 main()函数不能被其他函数调用，因此不可能在程序内部取得实际值。那么，在何处把实参值赋予 main 函数的形参呢？实际上，main()函数的参数值是从操作系统命令行上获得的。当需要运行一个可执行文件时，在命令行提示符下键入文件名，再输入实际参数即可把这些实参传送到 main()的形参中去。

命令行提示符下命令行的一般形式为：

```
可执行文件名  参数  参数…;
```

但是应该特别注意的是，main()的两个形参和命令行中的参数在位置上不是一一对应的。因为，main()的形参只有二个，而命令行中的参数个数原则上未加限制。argc 参数表示了命令行中参数的个数（注意：文件名本身也算一个参数），argc 的值是在输入命令行时由系统按实际参数的个数自动赋予的。

例如有命令行：

```
prog C# DELPHI SQLServer
```

由于文件名 prog 本身也算一个参数，所以共有 4 个参数，因此 argc 取得的值为 4。argv 参数是字符串指针数组，其各元素值为命令行中各字符串（参数均按字符串处理）的首地址。 指针数组的长度即为参数个数。数组元素初值由系统自动赋予。其表示如图 10-11 所示。

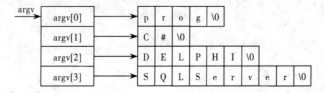

图 10-11　接受命令行参数的字符型指针数组

【例 10.18】主函数的形参。

```
void main(int argc,char *argv[])
{
  while(argc-->1)
     printf("%s\n",*++argv);
}
```

本例是显示命令行中输入的参数。如果上例的可执行文件名为 prog.exe，且在当前目录下。因此输入的命令行为：

```
prog  C#  DELPHI  SQLServer
```

则运行结果为：

```
C#
DELPHI
SQLServer
```

程序说明：

（1）该行共有 4 个参数，执行 main()函数时，argc 的初值即为 4。argv 的 4 个元素分为 4 个字符串的首地址。

（2）执行 while 语句，每循环一次 argv 值减 1，当 argv 等于 1 时停止循环，共循环三次，因此可输出 3 个参数。

（3）在 printf()函数中，由于打印项*++argv 是先加 1 再打印，故第一次打印的是 argv[1]所指的字符串 C#。第二、三次循环分别打印后二个字符串。

10.3.4　指向函数的指针

在 C 语言中，一个函数总是占用一段连续的内存区，而函数名就是该函数所占内存区的首地址。可以把函数的这个首地址（或称入口地址）赋予一个指针变量，使该指针变量指向该函数。然后通过指针变量就可以找到并调用这个函数。把这种指向函数的指针变量称为"函数指针变量"。

函数指针变量定义的一般形式为：

```
类型说明符  (*指针变量名)();
```

其中"类型说明符"表示被指函数的返回值的类型。"(*指针变量名)"表示"*"后面的变量是定义的指针变量。最后的空括号表示指针变量所指的是一个函数。

例如：

```
int (*pf)();
```

表示 pf 是一个指向函数入口的指针变量，该函数的返回值（函数值）是整型。

【例 10.19】本例用来说明用指针形式实现对函数调用的方法。

```
int max(int a,int b)
{
    if(a>b)return a;
    else return b;
}
void main()
{
    int(*pmax)();
```

```
    int x,y,z;
    pmax=max;
    printf("input two numbers:\n");
    scanf("%d%d",&x,&y);
    z=(*pmax)(x,y);
    printf("maxmum=%d",z);
}
```

运行结果：

```
input two numbers:
6 8✓
maxmum=8
```

从上述程序可以看出用，函数指针变量形式调用函数的步骤如下：

（1）先定义函数指针变量，如程序中第 8 行 int (*pmax)();定义 pmax 为函数指针变量。

（2）把被调函数的入口地址（函数名）赋予该函数指针变量，如程序中第 10 行 pmax=max。

（3）用函数指针变量形式调用函数，如程序第 13 行 z=(*pmax)(x,y)。

（4）调用函数的一般形式为：

(*指针变量名) (实参表)

或直接写成：

指针变量名(实参表)

10.3.5 指针型函数

一个函数可以返回一个 int 型、float 型、char 型的数据，也可以返回一个指针类型的数据。返回指针值的函数（简称指针函数）的定义格式如下：

```
函数类型 *函数名([形参表])
{ 函数体 }
```

例如定义：

```
int *min(int x,int y)
{ ... }
```

在用法上，返回指针值函数与其他类型返回值一样，例如通过函数名调用等。主要在 return 语句中，返回值须为一个地址值。而且类型须与声明的返回值类型一致。

【例 10.20】两个整数比较，返回小的整数。

```
int *min(int,int);
void main()
{
    int x,y,*p;
    int *min(int a,int b);
    scanf("%d%d",&x,&y);
    p=min(x,y);
    printf("min=%d\n",*p);
}
int *min(int a,int b)
{
    if(a>b)
        return &b;
    else
```

```
        return &a;
    }
```
运行结果：

13 7↙

min=7

程序中，返回的是经过比较后较小数的地址值。

10.4 典型案例

【案例1】字符串的复制

用字符指针作函数形式参数，实现字符串的复制。

源程序：

```
/***********************************************************/
/*s_copy()函数：复制一个字符串                            */
/*形参：字符指针 str1 接收源串，字符指针 str2 存储目标串    */
/***********************************************************/
void s_copy(char *str1,char *str2)
{
    int i=0;
    for(;(*(str2+i)=*(str1+i))!='\0';i++);  /*循环体为空语句*/
}
void main()
{
    char arr_str1[20]="I am a teacher.";
    char arr_str2[20];
    s_copy(arr_str1, arr_str2); /*数组名作实参*/
    printf("arr_str2=%s\n", arr_str2);
}
```

程序运行结果：

I am a teacher.

程序说明：

```
for(;(*(str_to+i)=*(str_from+i))!='\0';i++) ;
```

语句的执行过程为：首先将源串中的当前字符，复制到目标串中；然后判断该字符（即赋值表达式的值）是否是结束标志。如果不是，则相对位置变量 i 的值增 1，以便复制下一个字符；如果是结束标志，则结束循环。其特点是：先复制、后判断，循环结束前，结束标志已经复制。也可缩写为：

```
for(;(*(str_to+i)=*(str_from+i));i++) ;
```

【案例2】多字符串排序

有若干计算机图书，请按字母顺序，从小到大输出书名。要求使用排序函数完成排序，在主函数中进行输入/输出。

源程序：

```
#include <string.h>
```

```
void main()
{
    char *name[5]={"BASIC","FORTRAN","PASCAL","C","FoxBASE"};
    int i=0;
    sort(name,5);        /*使用字符指针数组名作实参, 调用排序函数 sort()*/
    for(;i<5;i++)
        printf("%s\n",name[i]);
}
/****************************************************/
/* sort()函数: 对字符指针数组进行排序               */
/*形参: name—字符指针数组, count—元素个数           */
/****************************************************/
void  sort(char *name[],int count)
{
    char *temp_p;
    int i,j,min;
    for(i=0;i<count-1;i++)                /*外循环: 控制选择次数*/
    {
        min=i;                            /*预置本次最小串的位置*/
        for(j=i+1;j<count;j++)            /*内循环: 选出本次的最小串*/
            if(strcmp(name[min],name[j])>0)  /*存在更小的串*/
                min=j;                    /*保存最小串*/
        if(min!=i)                        /*存在更小的串, 交换位置*/
            temp_p=name[i],name[i]=name[min],name[min]=temp_p;
    }
}
```

运行结果:
BASIC
C
FORTRAN
FoxBASE
PASCAL

程序说明:

（1）实参对形参的值传递:

```
        sort(    name ,        5 );
```

void sort(char *name[], int   count)

形参为指针数组, 编辑器将 name 解释为二级指针, 所以函数原型等价于:

```
void sort(char **name, int count)
```

（2）字符串的比较只能使用 strcmp()函数。形参字符指针数组 name 的每个元素, 都是一个指向字符串的指针, 所以有 strcmp(name[min],name[j])。

【案例 3】利用函数指针调用函数

编写一个函数, 输入 n 为偶数时, 调用函数求 1/2+1/4+...+1/n, 当输入 n 为奇数时, 调用函数 1/1+1/3+...+1/n。

源程序:

```
#include <stdio.h>
```

```
void main()
{
    float peven(),podd();
    float  (*fp)();
    int n;
    while (1)
    {
        scanf("%d",&n);
        if(n>1)
          break;
    }
    if(n%2==0)
    {
        printf("Even=");
        fp=peven;                    /*将 peven()函数入口地址点赋给函数指针 fp*/
    }
    else
    {
        printf("Odd=");
        fp=podd;                     /*将 podd 函数入口地址点赋给函数指针 fp*/
    }
    printf("%f\n",fp(n));            /*利用函数指针 fp 调用所指向的函数*/
}
float peven(int n)
{
    float s;
    int i;
    s=1;
    for(i=2;i<=n;i+=2)
      s+=1/(float)i;
    return(s);
}
float podd(int n)
{
    float s;
    int i;
    s=0;
    for(i=1;i<=n;i+=2)
      s+=1/(float)i;
    return(s);
}
```

运行结果：
```
3
Odd=1.333333
4
Even=1.750000
```
程序说明：

（1）fp=peven;将 peven 函数入口地址点赋给函数指针 fp，C 语言也支持使用传统的写法：fp=&peven;

（2）fp(n)是利用函数指针调用所指向的函数，也可使用传统 C 语言语法：(*fn)(n)。这两种写法都支持，在实际应用中倾向于本案例中的写法。

小　结

（1）程序中变量是内存中的内存单元的抽象。内存中每个存储单元都有一个编号——地址。

（2）"指针"就是一个变量在内存中的地址。

（3）一个专门用来保存其他变量地址的变量，就是指针变量。

（4）如果取得了变量的指针后，可用访问指针目标方式"间接"访问变量。

（5）按照函数的形式参数是值类型数据还是指针类型，可把函数形参分别称为值参数和指针参数，相应地在函数被调用过程中参数的传递方式分为值传递方式和地址传递。指针做参数对值的影响是双向的。

（6）C 语言对数组的处理，实际上是转换成指针地址的运算。

（7）指向一个指针变量的指针（或一个指针变量的地址）可称为二级指针，存放二级指针的变量可称之为二级指针变量。

（8）保存函数入口地址的指针变量称为"函数指针变量"。

习　题

一、选择题

1. 若有以下定义和语句：

```
double r=99,*p=&r;
*p=r
```

则以下正确的叙述是（　　　）。

A. 以上两处的*p 含义相同，都说明给指针变量 p 赋值

B. double r =99,*p=&r 语句，把 r 的地址赋给了 p 所指的存储单元

C. 语句 p=&r;取变量 r 的值赋给指针变量 p

D. 语句 p=&r;取变量 r 的值放回 r 中

2. 若已定义：

```
int a[]={0,1,2,3,4,5,6,7,8,9},*p=a,i;
```

其中 0≤i≤9，则对 a 数组元素不正确的引用是（　　　）。

A. a[p-a] 　　　　　B. *(&a[i]) 　　　　　C. p[i] 　　　　　D. a[10]

3. 下列程序的结果是（　　　）。

A. 4 　　　　　B. 6 　　　　　C. 8 　　　　　D. 10

```
int  b=2;
int  func(int*a)
{
    b+=*a;return(b);
}
void main()
{
```

```
    int  a=2,res=2;
    res+=func(&a);
    printf("%d \n",res);
}
```

4. 有如下程序段:
```
int *p,a=10,b=1;
p=&a; a=*p+b;
```
执行该程序段后，a 的值为（　　　）。

A. 12　　　　　　　　B. 11　　　　　　　　C. 10　　　　　　　　D. 编译出错

5. 以下函数功能为返回 a 所指数组中最小值所在的下标值:
```
fun(int  *a,int n)
{
    int i,j=0,p;
    p=j;
    for(i=j;i<n;i++)
    if(a[i]<a[p])_____;
    return(p);
}
```
在下画线处应填入的是（　　　）。

A. i=p　　　　　　　B. a[p]=a[i]　　　　　C. p=j　　　　　　　D. p=i

6. 有以下函数:
```
char *fun(char *p)
{
    return p;
}
```
该函数的返回值是（　　　）。

A. 无确切的值　　　　　　　　　　　　B. 形参 p 中存放的地址值
C. 一个临时存储单元的地址　　　　　　D. 形参 p 自身的地址

7. 有如下说明:
```
int a[10]={1,2,3,4,5,6,7,8,9,10},*p=a;
```
则数值为 9 的表达式是（　　　）。

A. *p+9　　　　　　　B. *(p+8)　　　　　　C. *p+=9　　　　　　D. p+8

8. 下列程序的输出结果是（　　　）。
```
void  fun(int *x,int *y)
{
    printf("%d%d",*x,*y);
    *x=3;*y=4;
}
void main()
{
    int x=1;y=2;
    fun(&y,&x);
    printf("%d%d ",x,y);
}
```
A. 2 1 4 3　　　　　　B. 1 2 1 2　　　　　　C. 1 2 3 4　　　　　　D. 2 1 1 2

9. 下列程序的输出结果是（　　　）。

```
void main()
{
    char a[10]={9,8,7,6,5,4,3,2,1,0},*p=a+5;
    printf ("%d",*--p);
}
```

　　A. 非法　　　　　　　　B. a[4]的地址　　　　　C. 5　　　　　　　　D. 3

10. 下列程序的运行结果是（　　　）。

　　A. 6 3　　　　　　　　B. 3 6　　　　　　　　C. 编译出错　　　　　D. 0 0

```
void fun(int *a,int *b)
{
    int *k;
    k=a;a=b;b=k;
}
void main()
{
    int a=3,b=6,*x=&a,*y=&b;
    fun(x,y);
    printf("%d%d",a,b);
}
```

11. 若有说明：int i,j=2,*p=&i;则能完成 i = j 赋值功能的语句是（　　　）。

　　A. i =*p;　　　　　B. *p=*&j;　　　　C. i = &j　　　　D. i = * *p;

12. 以下程序的输出结果是（　　　）。

```
void main()
{
    char *alpha[5]={"a","bc","def","1","23"}, **p;
    int i;
    p=alpha[0];
    for(i=0;i<3;i++,p++) printf("%s",*p);
    printf("\t");
    p=p-3;
    for(i=0; i<3;i++,p++) printf ("%c \t",**p);
    printf("\n");
}
```

　　A. abcdef d e f　　　　B. abcdef a b d　　　　C. abcedf 1 23　　　　D. defabc 1 23

13. 若输入 10，以下程序的输出结果为（　　　）。

```
#define   MAX 50
 void main()
{
    int i,k,m,n,num[MAX],*p;
    scanf(" %d",&n);
    p=num;
    for(i=0;i<n;i+ +)*(p+i)=i+1;
    i=0;k=0;m=0;
    while(m<n-1)
    {
        if(*(p+i)!=0)k++;
        if(k==3)
```

```
                {
                    *(p+i)=0;
                    k=0;
                    m++;
                }
                i++;
                if(i==n)  i=0;
            }
        while(*p==0) p++;
        printf(" %d\n",*p);
    }
```

A. 10   B. 4   C. 50   D. 60

14. 以下程序的输出结果是（　　　）。

```
point(char *pt);
void main()
{
    char b[4]= {'a','c','s','f'},*pt=b;
    point(pt);
    printf("%c\n",*pt);
}
point(char *p)
{
    p+=3;
}
```

A. a   B. c   C. s   D. f

15. 以下程序的输出结果为（　　　）。

```
void main()
{
    int x,*p, **q;
    x=10;
    p=&x;
    q=&p;
    printf("%d\n", **q);
}
```

A. 1   B. 0   C. 10   D. 100

16. 在下列语句中,含义为"p 为指向含 n 个元素的一维数组的指针变量"的定义语句是(　　　)。

A. int p[n];   B. int *p( )   C. int *p[n]   D. int (*p)[n];

17. 在下列语句中,含义为"p 为带回一个指针的函数,该指针指向整型数据"的定义语句是（　　　）。

A. int *p( );   B. int * *p;   C. int (*p) ( );   D. int *p;

二、填空题

1. 执行以下程序后, xy 的值是_____。

```
int *pt,xy;
xy=270;
pt=&xy;
```

```
xy=*pt+30;
```

2. 设有以下程序：

```
void main()
{
    int a,b,k=4,m=6,*p1=&k,*p2=&m;
    a=p1==&m;
    b=(*p1)/(*p2)+7;
    printf("a=%d\n",a);
    printf("d=%d\n",b);
}
```

执行该程序后，a 的值为_____，b 的值为_____。

3. 以下程序运行后的输出结果是_____。

```
void main()
{
    char s[ ]= "9876",*p;
    for(p=s;p<s+2;p++) printf("%s\n",*p);
}
```

4. 以下语句的输出结果是_____。

```
char s[80],*sp="HELLO! ";
sp=strcpy(s,sp);s[0]='h';puts(s);
```

第 11 章 结构体、共用体及枚举类型

本章目标

C 语言只有基本类型的数据是不够的。在实际应用中有些复杂数据对象需要以多个不同类型的数据组合来描述，然后在程序中用这些相对固定的数据组合来表示复杂的数据对象。本章要介绍的结构体类型就是这样的数据组合。通过本章的学习，读者应该掌握以下内容：

- 结构体。
- 共用体。
- 枚举类型。

11.1 引 例 分 析

有一份包含有 5 名学生的学习兴趣小组的学生成绩记录单，编写程序按成绩由高到低的顺序对记录排序。

源程序：

```
struct rec{
    int num;
    char name[10];
    float score;
};
void sort(struct rec *stu,int count);
void main()
{
    struct rec arr[]={
                {1,"Zhang",86},
                {2,"Li",78},
                {3,"Wang",88},
                {4,"Zhao",90},
                {5,"Sun",80}
                };
    int i;
    sort(arr,5);
    for(i=0;i<5;i++)
        printf("%d\t%s\t%.1f\n",arr[i].num,arr[i].name,arr[i].score);
}
/***********************************************/
```

```
/*sort 函数: 对记录冒泡排序                    */
/* struct rec *stu: 指向成绩记录单           */
/* int count : 记录条数                     */
/************************************************/
void sort(struct rec *stu,int count)
{
    struct rec temp;
    int i,j;
    for(i=count;i>1;i--)
        for(j=0;j<i-1;j++)
        {
            if(stu[j].score<stu[j+1].score)
            {
                temp=stu[j];
                stu[j]=stu[j+1];
                stu[j+1]=temp;
            }
        }
}
```

运行结果:

```
4       Zhao        90.0
3       Wang        88.0
1       Zhang       86.0
5       Sun         80.0
2       Li          78.0
```

分析与说明:

（1）每条成绩数据记录包含多个的方面的信息，在逻辑上是一个整体，所以将成绩记录抽象为一个自定义结构体类型，包含若干数据分量。其中，

```
struct rec{
    int num;
    char name[10];
    float score;
};
```

为自定义一个结构体数据类型，类型名称为 rec，必须以 struct 开头来定义。

（2）结构体变量在定义和使用时跟基本类型变量相似。例如，

```
struct rec arr[5]、struct rec *stu、struct rec temp
```

分别用来定义指定结构体类型的数组、指针、变量，在定义结构体数据时也要在类型前面加 struct。

（3）结构体变量中的数据分量要用“.”运算符引用。

11.2 基本知识与技能

11.2.1 结构体

结构体类型是将若干个基本类型组织在一起而形成的一个复杂的构造类型。它是由若干

"成员"组成的。每一个成员可以是一个基本数据类型或者又是一个构造类型。结构体既是一种"构造"而成的数据类型，那么在说明和使用之前必须先定义它，也就是构造。

1. 结构体类型的定义

定义结构体类型的一般形式为：

```
struct  结构体名{
    成员表列
};
```

"结构体名"用做结构体类型的标志，括号中是该结构体中各个成员，由它们组成一个结构体。且各成员都应进行类型声明。声明的规则与变量声明规则相同，即

```
类型名    成员名;
```

下面来定义一个具体的结构体类型，某学生成绩记录包括姓名、5门单科成绩、平均分：

```
struct stuscore {
    char   name[20];
    float  score[5];
    float  average;
};
```

stuscore 为结构体类型的标志；name 表示姓名，定义为字符串，长度为 20；数组 score 表示各单科成绩，共 5 门，每门单科为单精度型；average 为平均分，定义为单精度型。

说明：

① 定义一个结构体类型时，struct 必须使用的关键字，不能省略。

② 不要忽略最后的分号。

【例 11.1】利用结构体类型，编程计算一名同学 5 门课的平均分。

```
#include <stdio.h>
struct stuscore {
    char   name[20];
    float  score[5];
    float  average;
};
void main()
{
    struct  stuscore st={"Wang  Wei",90.5,85,70,90,98.5};
    int i;
    float sum=0;
    for(i=0;i<5;i++) sum+=st.score[i];
    st.average=sum/5;
    printf("%s : %4.1f\n",st.name,st.average);
}
```

运行结果：

```
Wang  Wei : 86.8
```

2. 结构体型变量的定义

结构体是一种数据类型，就像 int、char、float 是数据类型一样。定义了结构体以后，就可以用它定义变量。定义结构体变量一般有三种方法。

（1）先定义结构体类型，再定义变量，例如：

```
struct student{
    long   num;
```

```
    char   name[20];
    int    age;
};
struct  student  stu1,stu2;
```

（2）定义类型的同时定义变量，例如：

```
struct  student{
    long    num;
    char   name[20];
    int    age;
}stu1,stu2;
```

（3）直接定义变量（省略结构体类型名），是上一种形式的简化，例如：

```
struct{
    long    num;
    char   name[20];
    int    age;
}stu1,stu2;
```

变量 stu1 和 stu2 在内存中的存储形式如图 11-1 所示。

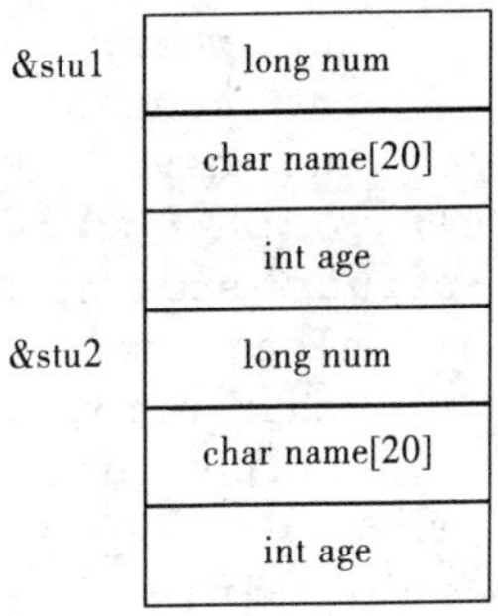

说明：

① 结构体类型与结构体变量是两个不同概念，不要混淆，只有先定义类型后，才能定义变量为该类型，只能对变量赋值、存取或运算，而不能对一个类型赋值、存取或运算，在编译时只对得起变量分配空间。对类型是不分配空间的。

② 结构变量中的成员可以单独使用，它的作用与地位相当于一般变量，引用规则见后面介绍。

图 11-1　变量 stu1 和 stu2 在内存中的存储形式

③ 结构体可以嵌套，即一个结构体的成员又可以是另外一个结构体变量，但只能是先定义的结构体嵌套在后说明的结构体内。

例如在 student 结构体成员中用生日代替上例中的年龄 age。可以定义结构体类型如下：

描述如下：

```
struct date{
    int  year;
    int  month;
    int  day;
};
struct student{
    int  num ;
    char  name[20];
    struct  date  birthday;
}stu1,stu2;
```

④ 成员名可以与程序中的变量名相同，二者不代表同对象，互不干扰。

注意：上述省略结构体类型名、直接定义结构体变量的方法与下列用 tyepdef 定义结构体类型的区别。

```
typedef    struct {
    int   month;
    int   day;
    int    year;
}DATE;
```

这里 DATE 是结构体类型，而不是结构体变量。

声明新类型名 DATE 它代表上面指定的一个结构体类型。这时就可以用 DATE 定义变量：

```
DATE    birthday;
DATE    *P;
```

birthday 被定义结构体类型变量，p 被定义为结构体类型指针，用这种方法定义结构体变量比一般的定义方法要简洁很多。

3．结构体变量的引用与初始化

【例 11.2】利用前面定义的结构类型 student，定义一个结构变量 stu，用于存储和显示一个学生的基本情况。

```
struct date{
    int  year;
    int  month;
    int  day;
};
struct  student
{    long num;
    char name[20];
    struct  date birthday;
};
void main()
{
    struct student stu={100002,"Zhang",{1980,9,20}};
    printf("No: %ld\n",stu.num);
    printf("Name: %s\n",stu.name);
    printf("Birthday:  %d-%d-%d\n",stu.birthday.year, stu.birthday.month,
stu.birthday.day);
}
```

运行结果：

```
No: 100002
Name: Zhang
Birthday: 1980-9-20
```

（1）结构体变量的引用。

对于结构体变量，要通过成员运算符"."，逐个访问其成员，且访问的格式为：

结构体变量.成员

例如，本案例中的 stu.num，引用了结构体变量 stu 中的 num 成员；stu.name 引用了结构体变量 stu 中的 name 成员，等等。

如果某成员本身又是一个结构体类型，则只能通过多级的分量运算，对最低一级的成员进行引用。

此时的引用格式扩展为：

结构体变量.成员.子成员.….最低1级子成员

例如，引用结构体变量 stu 中的 birthday 成员的格式分别为：

```
stu.birthday.year
stu.birthday.month
stu.birthday.day
```

（2）结构变量赋值和初始化。

① 通过结构体成员变量逐一赋值。

```
struct student  stu1,stu2;
stu.num=102;
stu.name="Zhang ping";
```
② 可以对结构体变量用另一相同结构体类型的变量整体赋值。如：
```
struct student  stu1,stu2;
stu1=stu2;
```
③ 结构变量初始化的格式，与一维数组相似：

结构变量={初值表}

例如，例 11.2 中的 student={100002, "Zhang", {1980,9,20}}。

11.2.2　结构体型数组

数组的元素也可以是结构类型的。因此可以构成结构型数组。结构数组的每一个元素都是具有相同结构类型的下标结构变量。在实际应用中，经常用结构数组来表示具有相同数据结构的一个群体。如一个班的学生档案，一个车间职工的工资表等。

方法和结构变量相似，只需说明它为数组类型即可。

例如：
```
struct  student{
    long   num;
    char  name[20];
    int    age;
} stu[3];
```
定义了一个结构数组 stu，共有 3 个元素，stu[0] ～stu[2]。每个数组元素都为 struct student 结构体类型的数据。对结构数组可以作初始化赋值。例如：
```
struct  student {
    long   num;
    char  name[20];
    int    age;
}stu[3]={  {100002,"Zhang",16},
         {100005,"Li", 15},
         {100012,"Wang",16}
};
```
当对全部元素作初始化赋值时，也可不给出数组长度。

【例 11.3】利用前面定义的结构类型 struct student，定义一个结构数组 stu，用于存储和显示三个学生的基本情况。
```
struct  student{
    long   num;
    char  name[20];
    int    age;
};
void main()
{
    int i;
    struct  student stu[3]={
                       {100002,"Zhang",16},
                       {100005,"Li", 15},
                       {100012,"Wang",16}
```

```
        };
        for(i=0;i<3;i++)
        {
                printf("%ld\t",stu[i].num);
                printf("%s\t",stu[i].name);
                printf("%d\n",stu[i].age);
        }
}
```

运行结果：

```
100002  Zhang   16
100005  Li      15
100012  Wang    16
```

程序说明：

本程序定义了一个结构体数组 stu，每个元素类型均为 student 结构体类型，并且类型和组数是分开定义的，看起来更清晰。

11.2.3 结构体型指针

1．指向结构变量的指针

一个指针变量当用来指向一个结构变量时，称之为结构指针变量。结构指针变量中的值是所指向的结构变量的首地址。通过结构指针即可访问该结构变量，这与数组指针和函数指针的情况是相同的。

结构指针变量说明的一般形式为：

```
struct 结构名 *结构指针变量名
```

例如，在前面的例题中定义了 stu 这个结构，如要说明一个指向 stu 的指针变量 pstu，可写为：

```
struct student *pstu;
```

当然也可在定义 stu 结构时同时说明 pstu。与前面讨论的各类指针变量相同，结构指针变量也必须要先赋值后才能使用。

赋值是把结构变量的首地址赋予该指针变量，不能把结构名赋予该指针变量。如果 boy 是被说明为 student 类型的结构变量，则：

```
pstu=&boy
```

是正确的，而：

```
pstu=&student
```

是错误的。

结构名和结构变量是两个不同的概念，不能混淆。结构名只能表示一个结构形式，编译系统并不为它分配内存空间。只有当某变量被说明为这种类型的结构时，才对该变量分配存储空间。因此上面&student 这种写法是错误的，不可能去取一个结构名的首地址。有了结构指针变量，就能更方便地访问结构变量的各个成员。

其访问成员的一般形式为：

```
(*结构指针变量).成员名
```

或为：

```
结构指针变量->成员名
```

例如：

```
(*pstu).num
```
或者：
```
pstu->num
```
应该注意(*pstu)两侧的括号不可少，因为成员符 "." 的优先级高于 "*"。如去掉括号写做 *pstu.num 则等效于*(pstu.num)，这样，意义就完全不对了。

下面通过例子来说明结构指针变量的具体说明和使用方法。

【例 11.4】结构指针变量的说明和使用方法
```
struct student
{
    long    num;
    char    name[20];
    int     age;
};
void main()
{
    struct student stu={100002,"Zhang",16},*pstu=&stu;
    printf("No: %ld\n",(*pstu).num);
    printf("Name: %s\n",pstu->name);
    printf("Age: %d\n",pstu->age);
}
```
运行结果：
```
No: 100002
Name: Zhang
Age: 16
```

2. 指向结构体数组的指针

指针变量可以指向一个结构数组，这时结构指针变量的值是整个结构数组的首地址。结构指针变量也可指向结构数组的一个元素，这时结构指针变量的值是该结构数组元素的首地址。

设 ps 为指向结构数组的指针变量，则 ps 也指向该结构数组的 0 号元素，ps+1 指向 1 号元素，ps+i 则指向 i 号元素。这与普通数组的情况是一致的。

【例 11.5】用指针变量输出结构数组。
```
struct student
{
    long    num;
    char    name[20];
    int     age;
}boy[5]={
        {101,"Zhou ping",17},
        {102,"Zhang ping",15},
        {103,"Liou fang",16},
        {104,"Cheng ling",17},
        {105,"Wang ming",16},
    };
void main()
{
    struct student *ps;
    printf("No\tName\t\tAge\n");
    for(ps=boy;ps<boy+5;ps++)
```

```
        printf("%ld\t%s\t%d\n",ps->num,ps->name,ps->age);
}
```

运行结果：

```
No        Name          Age
101       Zhou ping     17
102       Zhang ping    15
103       Liou fang     16
104       Cheng ling    17
105       Wang ming     16
```

程序说明：

在程序中，定义 student 结构类型的外部数组 boy 并作初始化赋值。在 main()函数内定义 ps 为指向 stu 类型的指针。在循环语句 for 的表达式 1 中，ps 被赋予 boy 的首地址，然后循环 5 次，输出 boy 数组中各成员值。

应该注意的是，一个结构指针变量虽然可以用来访问结构变量或结构数组元素的成员，但是不能使它指向一个成员。也就是说不允许取一个成员的地址来赋予它。因此，下面的赋值是错误的。

```
ps=&boy[1].sex;
```

而只能是：

```
ps=boy;(赋予数组首地址)
```

或者是：

```
ps=&boy[0];(赋予 0 号元素首地址)
```

11.3　知识与技能扩展

11.3.1　动态存储分配

在数组一章中，曾介绍过数组的长度是预先定义好的，在整个程序中固定不变。C语言中不允许动态数组类型。

例如：

```
int n;
scanf("%d",&n);
int a[n];
```

用变量表示长度，想对数组的大小作动态说明，这是错误的。但是在实际的编程中，往往会发生这种情况，即所需的内存空间取决于实际输入的数据，而无法预先确定。对于这种问题，用数组的办法很难解决。为了解决上述问题，C语言提供了一些内存管理函数，这些内存管理函数可以按需要动态地分配内存空间，也可把不再使用的空间回收待用，为有效地利用内存资源提供了手段。

常用的内存管理函数有以下三个：

1. 分配内存空间函数 malloc()

函数原型为：void *malloc(unsigned int size);

调用形式：(类型说明符*)malloc(size)

功能：在内存的动态存储区中分配一块长度为"size"字节的连续区域。"size"是一个无符号数。函数的返回值为该区域的首地址。

(类型说明符*)表示把返回值强制转换为该类型指针。

例如：

`pc=(char *)malloc(100);`

表示分配 100 字节的内存空间，并强制转换为字符数组类型，函数的返回值为指向该字符数组的指针，把该指针赋予指针变量 pc。

2．分配内存空间函数 calloc()

calloc()函数也用于分配内存空间。

函数原型为：void *calloc(unsigned n , unsigned size);

调用形式：(类型说明符*)calloc(n,size)

功能：在内存动态存储区中分配 n 块长度为"size"字节的连续区域。函数的返回值为该区域的首地址。

(类型说明符*)用于强制类型转换。

calloc()函数与 malloc()函数的区别仅在于前者一次可以分配 n 块区域。

例如：

`ps=(struet student*)calloc(2,sizeof(struct student));`

其中的 sizeof(struct student)是求 student 的结构长度。因此该语句的意思是：按 student 的长度分配 2 块连续区域，强制转换为 stu 类型，并把其首地址赋予指针变量 ps。

3．释放内存空间函数 free()

函数原型为：void free(void *p);

调用形式：free(ptr);

功能：释放 ptr 所指向的一块内存空间，ptr 是一个任意类型的指针变量，它指向被释放区域的首地址。被释放区应是由 malloc()或 calloc()函数所分配的区域。

【例 11.6】分配一块区域，输入一个学生数据。

```
#include <malloc.h>
#include <string.h>
struct student
{
    long   num;
    char   name[20];
    int    age;
};
void main()
{
    struct student *ps;
    ps=(struct student*)malloc(sizeof(struct student));
    ps->num=102;
    strcpy(ps->name,"Zhang san");
    ps->age=18;
    printf("Number=%ld\nName=%s\nAge=%d\n ",ps->num,ps->name,ps->age);
    free(ps);
}
```

运行结果：

`Number=102`

```
Name=Zhang san
Age=18
```

程序说明：

（1）sizeof(struct student)用来计算 student 结构体类型的大小，然后用 malloc()函数动态申请指定大小内存空间，将申请的内存地址保存到 ps。

（2）free()函数释放 ps 指向的内存空间。

（3）整个程序包含了申请内存空间、使用内存空间、释放内存空间三个步骤，实现存储空间的动态分配。

11.3.2　链表

链表是一种常见的重要的数据结构。它是动态地进行存储分配的一种结构。单链表是最简单的一种链表，如图 11-2 所示。一个单链表由若干个结构相同的"结点"和一个"头指针"变量组成。图中 head 表示单链表的头指针变量，它存放单链表第一个结点的地址。

单链表的每个结点包含两部分：数据域和指针域。数据域用来存放用户需要用的实际数据，而指针域用来存放下一个结点的地址，最后一个结点的指针域存放空地址（用 NULL 表示）。这样，头指针 head 指向第一个结点，第一个结点又指向第二个结点……直到最后一个结点。

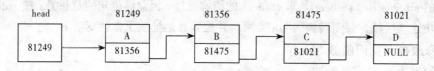

图 11-2　单链表

单链表和数组的作用类似，都可以用来存储多个相同类型的数据，但是也有区别，主要有以下几点：

（1）数组元素的存储空间是在程序运行之前分配的，即"静态分配"，而单链表结点的存储空间是在程序运行过程中分配的，即"动态分配"。

（2）数组元素在内存中是连续存放的，而单链表的结点在内存中通常是不连续的，结点之间通过指针域形成逻辑上的先后次序。

（3）数组元素可以通过下标随机访问，而单链表的结点只能从前到后顺序访问。

相对于数组，单链表的优点表现在：

① 节省存储空间，单链表的结点是动态分配的，需要时为它分配存储空间，不需要时释放存储空间，提高了内存空间的使用效率。

② 便于插入和删除，在插入和删除结点的时候，只需要改变相应结点的指向关系，而在数组中插入/删除元素时，需要作大量的移动操作。

单链表的结点可以用结构体类型描述，如图 11-3 所示的单链表，其中的每个结点存放一个学生的学号、姓名和成绩。这个单链表的结点可以用结构体类型描述为：

```
struct nodetp
{
    int num;
    char name[10];
    float score;
```

```
    struct nodetp *next;
};
```

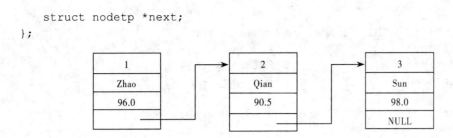

图 11-3　用结构体描述的单链表结点

　　结构体类型 struct nodetp 有四个成员，其中 num、name、score 分别用来表示学号、姓名和成绩，而 next 成员的类型是 struct nodetp 类型数据的地址，用来存放下一个结点的地址。

　　链表的基本操作主要操作有以下几种：

① 建立链表；

② 结构的查找与输出；

③ 插入一个结点；

④ 删除一个结点；

下面通过例题来说明这些操作。

　　【例 11.7】建立一个具有三个结点的链表，存放学生数据。为简单起见，可假定学生数据结构中只有学号和年龄两项。可编写一个建立链表的函数 creat()。程序如下：

```
#define NULL 0
typedef struct stu
{
    int num;
    int age;
    struct stu *next;
} TYPE;
TYPE *creat(int n)
{                                    /*指针 head 为头结点指针，pb 指向当前结点*/
    TYPE *head,*pf,*pb;              /*指针 pf 指向当前结点的前一结点*/
    int i;
    for(i=0;i<n;i++)
    {
        pb=(TYPE*)malloc(sizeof(struct stu));
        printf("input num and age\n");
        scanf("%d%d",&pb->num,&pb->age);
        if(i==0)                     /*如果是第 1 个结点*/
            pf=head=pb;              /*用当前新结点指针赋值给头指针*/
        else pf->next=pb;
        pb->next=NULL;
        pf=pb;
    }
    return(head);
}
void main()
{
    TYPE *head=NULL;
```

```
    int n;
    printf("input the number of the node:");
    scanf("%d",&n);
    head=creat(n);              /*创建 n 个结点*/
    while(head)                 /*显示结点*/
    {
        printf("%d\t%d\n",head->num,head->age);
        head=head->next;
    }
}
```

运行结果：

input the number of the node:3✓
input num and age
101 16✓
input num and age
102 15✓
input num and age
103 17✓
101   16
102   15
103   17

程序说明：

（1）该程序演示了链表的两个基本操作，创建链表和输出链表结点。

（2）creat()函数用于建立一个有 n 个结点的链表，它是一个指针函数，它返回的指针指向 stu 结构。

（3）在 creat()函数内定义了三个 stu 结构的指针变量。head 为头指针，pf 为指向两相邻结点的前一结点的指针变量。pb 为后一结点的指针变量。

（4）链表的尾结点指针域应设置为 NULL，指针域是否为 NULL 也是判断链表是否结束的重要标志。

11.3.3 共用体

1. 共用体类型

在程序设计过程中，有时需使用不同类型的变量存放到同一段内存单元中，几个变量相互覆盖（见图 11-4），这种几个不同的变量共同占用一段内存的结构，称为"共用体"类型的结构。

共用体类型它的定义与结构体的定义相似，只是定义时将关键词 struct 换成 union，定义格式如下：

union <共用体名> {成员列表};

例如：

```
union number
{
    int x;
    float y;
    char c;
};
```

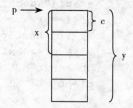

图 11-4 共用体中分量内存分配示意图

在这个共用体类型中定义了三个分量，它们的类型各不相同，但占用同一内存空间，由于各个分量类型不同，这段空间应足够大，以便能放下最大的分量，所以这个共用体要占用 4 字节空间，因为其中的分量 y 是 float 类型，是最长的类型，占 4 字节，如图 11–4 所示。

2．共用体型变量的定义与引用

（1）共用体型变量的定义。

同定义结构体变量一样，共用体变量的定义也有三种方法。

① 先定义共用体类型，再定义共用体变量。例如：定义一个共用体类型 union data，然后定义变量 datu。

```
union  data
{
    int i;
    char ch;
    float f;
};
union  data  datu;
```

② 在定义共用体类型的同时定义共用体变量。

例如：定义一个共用体类型 union data，同时定义变量 datu。

```
union  data
{
    int i;
    char ch;
    float f;
}datu;
```

③ 用简化形式直接定义共用体变量。

例如：定义一个匿名的共用体类型同时定义变量 datu。

```
union
{
    int i;
    char ch;
    float f;
}datu;
```

（2）共用体型变量的引用。

共用体型变量的引用方式与结构体类型的引用方式相同。如共用体型变量 datu 的成员引用可以是：

```
scanf("%d",&datu.i);
printf("%f",datu.f);
```

3．共用体型变量的特点

（1）一个共用体型变量可以用来存放几种不同类型的成员，但每个瞬间只有一个成员起作用。因各成员共用一段内存，彼此互相覆盖，故对于同一个共用体型变量，给一个新的成员赋值就"冲掉"了原有成员的值。因此在引用变量时应十分注意当前存放在共用体型变量中的究竟是哪个成员。

（2）共用体型变量的地址和它的各成员的地址同值，如图 11–4 所示，所以&datu，&datu.i，&datu.ch，&datu.f 都是同一地址值。

（3）不能在定义共用体型变量时对其初始化，即 union data datu={2,'A',0.5}是错误的。不能把共用体型变量作为函数参数或函数的返回值，但可以使用指向共用体型变量的指针。

4．结构体和共用体的区别

结构体和共用体有下列区别：

（1）结构体和共用体都是由多个不同的数据类型成员组成，但在任何同一时刻，共用体中只存放了一个被选中的成员，而结构体的所有成员都存在。

（2）对于共用体的不同成员赋值，将会对其他成员重写，原来成员的值就不存在了，而对于结构体的不同成员赋值是互不影响的。

下面通过一个例题加深对共用体的理解。

【例 11.8】共用体的使用。

```
#include <conio.h>
void main()
{
    union{                          /*定义一个共用体*/
        int i;
        struct{                     /*在共用体中定义一个结构*/
            char first;
            char second;
        }half;
    }number;
    number.i=0x4241;                /*共用体成员赋值*/
    printf("%c%c\n",number.half.first,number.half.second);
    number.half.first='a';          /*共用体中结构体成员赋值*/
    number.half.second='b';
    printf("%x\n",number.i);
    getch();
}
```

输出结果：

```
AB
6261
```

程序说明：

（1）对于一个 16 位整数，在 PC 机存储时低 8 位放在低地址处，高 8 位放在高地址处。

（2）在本例中，first 位于低地址处，second 位于高地址处，当给 i 赋值后，其低 8 位和高 8 位也就分别是 first 和 second 的值；当给 first 和 second 赋字符后，这两个字符的 ASCII 码也将作为 i 的低 8 位和高 8 位。

11.3.4 枚举类型

自然界有很多事物虽然可以用数字来标识，但用具体的名字称乎则含义更为明确。比如一个星期的各天，可以用 1，2，3，…，7 表示，但用 Monday，Tuesday，…，sunday 来说明更清晰直观。其他比如一年中的 12 个月、4 个季度、5 种颜色等都是类似的情况。为了在程序中能够直呼其名，见文知义，C 语言又提供了一种用户可定义的构造类型——枚举（enumeration）类型。

枚举类型定义时用关键字 enum 开头，其一般形式是：

enum <类型名> {枚举标识符表};

例如：

enum color{red,yellow,green,white,black};

```
enum  week{sun,mon,tue,wed,thu,fri,sat};
enum  months{jan,feb,mar,apr,may,jun,jul,aug,sep,oct,nov,dec};
```

花括号中是标识符表，但它们都是标识符常量，不是变量，因而不能作为赋值语句的左值使用。对于这些标识符常量，可以指定它代表某个整数值，如不指定，则系统会自动指定其所处位置的序号。序号从 0 开始，即第一个标识符常量的值是 0，以后的值依次递增 1。例如在枚举类型 enum months 中，标识符被自动设置为 0 到 11，如果想让它们的值为 1 到 12，只需把第一个标识符的值置成 1 即可，如：

```
enum months{jan=1,feb,mar,…,dec};
```

枚举类型变量的定义方法和定义结构体变量一样，可以在定义类型的同时定义，也可以先定义类型名再定义该类型的变量。例如：

```
enum color{red,yellow,green=-10,blue,black=1,white} c1,c2;
enum week{mon,tue,wed,thu,fri} workday;
enum color c3;
```

各标识符的值在前一个值的基础上加 1。比如 red 为 0，yellow 为 1，blue 为 -9(-10+1)，white 为 2。

枚举变量可以作为整型量用 "%d" 进行输入/输出，因为枚举型也是和整型相通的，它本身就是范围有限的整数。但是不能通过 scanf()函数和 printf()函数直接输入/输出其标识符名。要使枚举变量具有某个标识符值，只能用赋值语句，如：

```
c1=red;
workday=mon;
```

当然对枚举变量赋其他的整数值也是合法的，如

```
c1=400;
```

但这时 c1 已和枚举中的标识符没什么关系了。

【例 11.9】打印 12 个月份。

```
#include  <stdio.h>
enum months{jan=1,feb,mar,apr,may,jun,jul,aug,sep,oct,nov,dec};
void main()
{
  enum months month;
  char *mname[]={"  ","January","February","March",
           "April","May","June",
           "July","August","September",
           "October","November","December"};
  for(month=jan;month<=dec;month=(enum months)(month+1))
    printf("%-2d\t%-12s\n",month,mname[month]);
}
```

运行结果：

```
1    January
2    February
3    March
4    April
5    May
6    June
7    July
8    August
9    September
```

```
10      October
11      November
12      December
```

程序说明：程序中枚举常量以"%d"格式输出时是一个整数，用它作下标时也被当做整数处理。

11.4 典型案例

【案例 1】结构体数组使用

编写 input()和 output()函数输入/输出 5 个学生的数据记录。

源程序：

```c
#define   N 5
struct student
{
    long num;
    char name[8];
    int score[3];
};
/*input()函数功能: 输入数据记录*/
void input(struct student stu[])
{
    int i,j;
    for(i=0;i<N;i++)
    {
        printf("num: ");
        scanf("%ld",&stu[i].num);
        printf("name: ");
        scanf("%s",stu[i].name);
        printf("score:");
        for(j=0;j<3;j++)
            scanf("%d",&stu[i].score[j]);
    }
}
/*output()函数功能: 输出数据记录*/
void print(struct student stu[])
{
    int i,j;
    printf("\nNo. Name Sco1 Sco2 Sco3\n");
    for(i=0;i<N;i++)
    {
        printf("%-6ld%-10s",stu[i].num,stu[i].name);
        for(j=0;j<3;j++)
            printf("%-8d",stu[i].score[j]);
        printf("\n");
    }
}
```

```
void main()
{
    struct student stu[N];
    input(stu);
    print(stu);
}
```

运行结果：
num: 101↙
name: zhang↙
score:66 77 88↙
num: 102↙
name: li↙
score:67 78 89↙
num: 103↙
name: zhao↙
score:78 77 89↙
num: 104↙
name: wang↙
score:86 89 86↙
num: 105↙
name: qian↙
score:67 78 98↙

No.	Name	Sco1	Sco2	Sco3
101	zhang	66	77	88
102	li	67	78	89
103	zhao	78	77	89
104	wang	86	89	86
105	qian	67	78	98

【案例2】用链表法来实现约瑟夫环

10个人排成一圈，1、2、3报数，报到3出列，最后一个出列的是第几位。

算法分析：

（1）利用一个环形链表来表示一个10人圈，如图11-5所示。

（2）每个结点包括两个域，一个数据域，表示所在位置，另一个指针域，指向下一结点。

（3）最后一个结点指针域指向第一个结点

（4）每出列一位，对应结点删除，重新得到一个环。

（5）直到环中剩下最后一个结点。

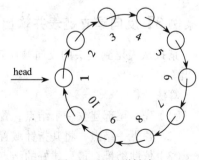

图 11-5 环形链表

源程序：
```
#include <stdlib.h>
typedef struct node{
    int pos;
    struct node *next;
```

```
    }NODE;                          /*定义结点的结构结类型，用 NODE 给类型重命名*/
void main()
{
    NODE *head,*pf,*pb;         /*定义指向结点的指针*/
    int i;
    for(i=1;i<=10;i++)          /*生成 10 个结点，pb 为当前结点，pf 为上一结点*/
    {
        pb=(NODE*)malloc(sizeof(NODE));
        pb->pos=i;
        if(i==1) head=pf=pb;
        else
        {
            pf->next=pb;            /*将前一个结点和当前结点连接起来*/
            pf=pb;
        }
    }
    pb->next=head;              /*将最后一个结点的指针域指向第一个结点*/
    pb=head;i=0;                /*从第一个结点报数*/
    while(pb->next!=pb)
    {
        pb=pb->next;            /*当前工作结点下移一位*/
        pf=pf->next;
        i++;                    /*表示报数*/
        if(i==3)                /*报到 3 时作如下处理*/
        {
            pf->next=pb->next;  /*将当前工作结点从环中移出*/
            free(pb);           /*从内存删除工作结点*/
            pb=pf->next;        /*重新定位当前工作结点*/
            i=0;                /*计数器复位*/
        }
    }
    printf("%d\n",pb->pos);     /*输出最后一个结点的位置数*/
}
```

运行结果：
5

【案例3】反向建立链表并输出结点

请按从表尾到表头的反向顺序建立一个链表，一共 10 个结点，结点数据域为整型。然后输出。

算法分析：

（1）先从尾部建立一个结点，置指针域为 NULL（0）。

（2）建下一结点，将其指针域置为上一步建好的结点。

（3）依此类推，最后建好的结点即为链表的第一个结点，如图 11-6 所示。

源程序：

```
#include "stdlib.h"
#include "stdio.h"
typedef struct list
```

```
{
    int data;
    struct list *next;
} node, *link;



void main()
{
    link ptr,head,tail;
    int num,i;
    printf("\nplease input 5 data==>\n");
    for(i=0;i<=4;i++)
    {
        ptr=(link)malloc(sizeof(node));
        scanf("%d",&num);
        ptr->data=num;
        if(i==0) ptr->next=NULL;
        else ptr->next=head;
        head=ptr;
    }
    while(head!=NULL)
    {
        printf("%d ",head->data);
        head=head->next;
    }
}
```

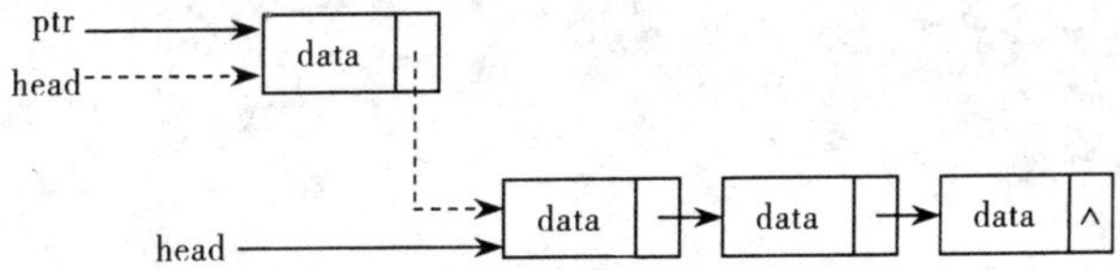

图 11-6　返向构造单链表示意图（实线为加入以前的情形，虚线为加入后的形情）

运行结果：
```
please input 5 data==>
1 2 3 4 5
5 4 3 2 1
```

小　　结

（1）结构体类型是将若干个的基本类型组织在一起而形成的一个复杂的构造类型。它是由若干"成员"组成的。

（2）结构体类型与结构体变量是两个不同概念，不要混淆，只有先定义类型后，才能定义该类型变量。

（3）定义结构体变量一般有三种方法：

① 先定义结构体类型，再定义变量。

② 定义类型的同时定义变量。

③ 直接定义变量（省略结构体类型名），是上一种形式的简化，省略类型名。

（4）对于结构体变量，要通过成员运算符"."，逐个访问其成员。

（5）一个指针变量当用来指向一个结构变量时，称之为结构指针变量。结构指针变量中的值是所指向的结构变量的首地址。

其访问成员的一般形式为：

(*结构指针变量).成员名

或为：

结构指针变量->成员名

习　题

一、选择题

1. 若有以下说明和定义：

```
typedef int *INTEGER
INTEGER p,*q;
```

以下叙述正确的是（　　　）。

A．p 是 int 型变量

B．p 是基类型为 int 的指针变量

C．q 是基类型为 int 的指针变量

D．程序中可用 INTEGER 代替 int 类型名

2. 设有以下说明语句：

```
typedef struct
{
    int n;
    char ch[8];
}PER;
```

则下列叙述中正确的是（　　　）。

A．PER 是结构体变量名　　　　　　　　B．PER 是结构体类型名

C．typedef struct 是结构体类型　　　　　D．struct 是结构体类型名

3. 有以下说明和定义语句：

```
struct student
{
    int age;
    char num[8];
};
struct student stu[3]={{20,"200401"},{21,"200402"},{10\9,"200403"}};
struct student *p=stu;
```

以下选项中引用结构体变量成员的表达式错误的是（　　　）。

A．(p++)->num　　　B．p->num　　　C．(*p).num　　　D．stu[3].age

4. 若有以下说明和定义:

```
union dt
{
    int a;
    char b;
    double c;
}data;
```

以下叙述中错误的是（　　　）。

A. data 的每个成员起始地址都相同

B. 变量 data 所占的内存字节数与成员 c 所占字节数相等

C. 程序段 data.a=5;printf("%f\n",data.c);输出结果为 5.000000

D. data 可以作为函数的实参

5. 设有如下说明:

```
typedef struct ST
{
    long a;
    int b;
    char c[2];
}NEW;
```

则下面叙述中正确的是（　　　）。

A. 以上的说明形式非法　　　　　　　　B. ST 是一个结构体类型

C. NEW 是一个结构体类型　　　　　　　D. NEW 是一个结构体变量

6. 设有以下语句:

```
typedef struct  S
{
    int g;
    char  h;
}T;
```

则下面叙述中正确的是（　　　）。

A. 可用 S 定义结构体变量　　　　　　　B. 可以用 T 定义结构体变量

C. S 是 struct 类型的变量　　　　　　　D. T 是 struct　S 类型的变量

7. 设有如下说明:

```
typedef struct
{
    int n;
    char c;
    double x;
}STD;
```

则以下选项中，能正确定义结构体数组并赋初值的语句是（　　　）。

A. STD tt[2]={{1,'A',62},{2, 'B',75}};

B. STD tt[2]={1,"A",62,2,"",75};

C. struct tt[2]={{1, 'A'},{2, 'B'}};

D. struct tt[2]={{1,"A",62.5},{2,"B",75.0}};

8. 有以下程序：

```
void main()
{
    union
    {
        unsigned int n;
        unsigned char c;
    }ul;
    ul.c='A';
    printf("%c\n",ul.n);
}
```

执行后输出结果是（　　　）。

A. 产生语法错　　　　B. 随机值　　　　C. A　　　　D. 65

9. 若要说明一个类型名 STP，使得定义语句 STP s;等价于 char *s;，以下选项中正确的是（　　　）。

A. typedef　STP char *s;　　　　　　B. typedef　*char STP;

C. typedef　STP *char;　　　　　　　D. typedef　char* STP;

10. 设有如下定义：

```
struct ss
{
    char name[10];
    int age;
    char sex;
} std[3],*p=std;
```

下面各输入语句中错误的是（　　　）。

A. scanf("%d",&(*p).age);　　　　　　B. scanf("%s",&std.name);

C. scanf("%c",&std[0].sex);　　　　　　D. scanf("%c",&(p->sex));

二、填空题

1. 以下定义的结构体类型拟包含两个成员，其中成员变量 info 用来存入整型数据；成员变量 link 是指向自身结构体的指针。请将定义补充完整。

```
struct node
{
    int info;
    _____link;
}
```

2. 以下程序的运行结果是_____。

```
#include <string.h>
typedef struct student
{
    char name[10];
    long sno;
    float score;
}STU;
void main()
{
```

```
        STU   a={"zhangsan",2001,95},b={"Shangxian",2002,90};
        STU   c={"Anhua",2003,95},d,*p=&d;
        d=a;
        if(strcmp(a.name,b.name)>0)    d=b;
        if(strcmp(c.name,d.name)>0)    d=c;
        printf("%ld%s\n",d.sno,p->name);
    }
```

3. 已有如下定义:

```
    struct node
    {
        int data;
        struct node *next;
    } *p;
```

以下语句调用 malloc()函数,使指针 p 指向一个具有 struct node 类型的动态存储空间。请填空。

```
    p=(struct node *)malloc(_____);
```

4. 有以下程序:

```
    #include <stdlib.h>
    struct  NODE
    {
        int num;
        struct NODE *next;
    }
    void main()
    {
        struct NODE *p,*q,*r;
        p=(struct NODE *)malloc(sizeof(struct NODE));
        q=(struct NODE *)malloc(sizeof(struct NODE));
        r=(struct NODE *)malloc(sizeof(struct NODE));
        p->num=10;q->num=20;r->num=30;
        p->next=q;q->next=r;
        printf("%d\n",p->num+q->next->num);
    }
```

程序运行后的输出结果是_____。

5. 下面程序的运行结果是_____。

```
    typedef union student
    {
        char name[10];
        long sno;
        char sex;
        float score[4];
    }STU;
    void main()
    {
        STU a[5];
        printf("%d\n",sizeof(a));
    }
```

6. 有以下程序：

```
struct STU
{
    char name[10];
    int num;
};
void f1(struct STU c)
{
    struct STU  b={"LiSiGuo",2042};
    c=b;
}
void f2(struct STU *c)
{
    struct STU  b={"SunDan",2044};
    *c=b;
}
void main()
{
    struct  STU   a={"YangSan",2041},b={"WangYin",2043};
    f1(a);
    f2(&b);
    printf("%d %d\n",a.num,b.num);
}
```

执行后的输出结果是_____。

7. 有以下程序：

```
#include <stdlib.h>
struct NODE
{
    int num;
    struct NODE *next;
};
void main()
{   struct NODE *p,*q,*r;
    int sum=0;
    p=(struct NODE *)malloc(sizeof(struct NODE));
    q=(struct NODE *)malloc(sizeof(struct NODE));
    r=(struct NODE *)malloc(sizeof(struct NODE));
    p->num=1;q->num=2;r->num=3;
    p->next=q;q->next=r;r->next=NULL;
    sum+=q->next->num;sum+=p->num;
    printf("%d\n",sum);
}
```

执行后的输出结果是_____。

8. 有以下程序：

```
struct s
{
    int x,y;
}data[2]={10,100,20,200};
void main()
```

```
    {
        struct s *p=data;
        printf("%d\n",++(p->x));
    }
```
程序运行后的输出结果是_____。

9. 若有下面的说明和定义:
```
struct test
{
    int ml;
    char m2;
    float m3;
    union uu
    {
        char ul[5];
        int u2[2];
    } ua;
} myaa;
```
则 sizeof(struct test)的值是_____。

三、编程题

1. 设有以下结构类型说明:
```
struct  stud
{
    char num[5],name[10];
    int s[4];
    double ave;
};
```
请编写:

（1）函数 readrec()把 30 名学生的学号、姓名、四项成绩以及平均分放在一个结构体数组中，学生的学号、姓名、四项成绩由键盘输入，然后计算出平均分放在结构体对应的域中。

（2）函数 writerec()输出 30 名学生的记录。

（3）函数 main()调用函数 readrec()和函数 writerec()，实现全部功能。

2. 已知 head 指向一个单链表，链表的每个结点包含数据域（data）和指针域（next），数据域为整型。编程在链表中查找数据域值最大的结点。

第 12 章　文件 I/O

本章目标

在程序运行过程中，会不断同外部设备交换数据，如从键盘输入程序所需的数据，向显示器输出运行结果，即产生所谓的标准 I/O。程序除了要产生标准 I/O 外，还可能要同磁盘文件产生数据交换，也即文件 I/O。通过本章的学习读者应掌握以下内容：

- 文件类型指针。
- 文件的打开与关闭。
- 文件的读/写。

12.1　引　例　分　析

实现文件复制功能，将一个文件中的内容全部复制到另一个文件中。

源程序：

```
#include <stdio.h>
void main()
{
    FILE *in,*out;
    char ch,file_in[20],file_out[20];
    printf("please input filename:\n");
    gets(file_in);
    gets(file_out);
    in=fopen(file_in,"r");
    out=fopen(file_out,"w+");
    ch=fgetc(in);
    while(!feof(in))
    {
        fputc(ch, out);
        ch=fgetc(in);
    }
    rewind(out);
    while((ch=fgetc(out))!=EOF)
        putchar(ch);
    fclose(in);
    fclose(out);
}
```

程序说明：

（1）数组 file_in 保存输入数据的文件名，file_out 保存输出目标对应的文件名。

（2）用两个 gets() 函数分别保存以上两个文件名。

（3）用 fopen() 函数分别打开输入文件和输出文件。其中输入数据的文件用"读（r）"方式打开，输入出目标文件用"读/写（"w+"）"方式打开。这是因为目标文件不仅要写数据，而且要读出并显示出来。

（4）函数 feof() 可检测被读文件是否到达了文件尾。

（5）条件 (ch=fgetc(out))!=EOF 表达式是将读出的字符 ch 同 EOF（–1）标志比较，也是用来判断是否读到文件尾，EOF（–1）标志代表着文本文件的结尾。

12.2 基本知识与技能

12.2.1 文件概述

1. 文件与文件名

文件是指存放在外部存储介质上的数据集合。为标识一个文件，每个文件必须有一个文件名，其一般结构为：文件名[.扩展名]。文件命名规则遵循操作系统的约定。

C 语言将文件看做由一个一个字符（ASCII 码文件）或字节（二进制文件）组成的，将这种文件称为流式文件。而在其他高级语言中，组成文件的基本单位是记录，对文件操作的基本单位也是记录。

2. 文件分类

从不同的角度可对文件作不同的分类。

从用户的角度看，文件可分为普通文件和设备文件两种。

普通文件是指驻留在磁盘或其他外部介质上的一个有序数据集，可以是源文件、目标文件、可执行程序；也可以是一组待输入处理的原始数据，或者是一组输出的结果。对于源文件、目标文件、可执行程序可以称做程序文件，对输入/输出数据可称做数据文件。

设备文件是指与主机相联的各种外部设备，如显示器、打印机、键盘等。在操作系统中，把外部设备也看做是一个文件来进行管理，把它们的输入/输出等同于对磁盘文件的读和写。

通常把显示器定义为标准输出文件，一般情况下在屏幕上显示有关信息就是向标准输出文件输出。如前面经常使用的 printf()、putchar() 函数就是这类输出。

键盘通常被指定标准的输入文件，从键盘上输入就意味着从标准输入文件上输入数据。Scanf()，getchar() 函数就属于这类输入。

从文件编码的方式来看，文件可分为 ASCII 码文件和二进制码文件两种。ASCII 文件也称为文本文件，这种文件在磁盘中存放时每个字符对应一个字节，用于存放对应的 ASCII 码。

例如，数 5678 的存储形式为：

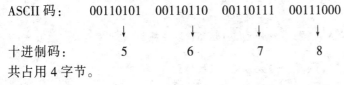

ASCII 码：　　00110101　　00110110　　00110111　　00111000

十进制码：　　　　5　　　　　6　　　　　7　　　　　8

共占用 4 字节。

ASCII码文件可在屏幕上按字符显示，例如源程序文件就是 ASCII 文件，用 DOS 命令 TYPE 可显示文件的内容。由于是按字符显示，因此能读懂文件内容。

二进制文件是按二进制的编码方式来存放文件的。

例如，数 5678 的存储形式为：

00010110　00101110

只占 2 字节。二进制文件虽然也可在屏幕上显示，但其内容无法读懂。C 系统在处理这些文件时，并不区分类型，都看成是字符流，按字节进行处理。

3．ANSI C 的缓冲文件系统

多数 C 语言编译系统都提供两种文件处理方式："缓冲文件系统"和"非缓冲文件系统"。

所谓缓冲文件系统是指，系统自动地在内存区为每个正在使用的文件开辟一个缓冲区，无论是从程序到磁盘文件还是从磁盘文件到程序，数据都要先经过缓冲区，待缓冲区充满后，才集中发送。

从内存向磁盘输出数据时，必须首先输出到缓冲区中。待缓冲区装满后，再一起输出到磁盘文件中。从磁盘文件向内存读入数据时，则正好相反：首先将一批数据读入到缓冲区中，再从缓冲区中将数据逐个送到程序数据区，如图 11-1 所示。

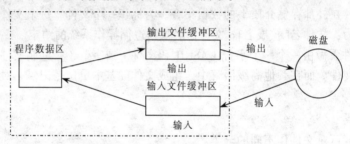

图 12-1　从磁盘文件向内存读入数据和内存输出数据

"非缓冲文件系统"又称为低级文件系统，在输入/输出数据时，系统并不自动开辟内存缓冲区，而是由用户根据所处理的数据的大小在程序中设置数据缓冲区。

ANSI C 标准决定不采用非缓冲文件系统，而只采用缓冲文件系统。

本章介绍 ANSI C 规定的缓冲文件系统以及对它的读/写。

4．文件类型指针

缓冲文件系统中的关键概念是"文件指针"。每个被使用的文件都在内存中开辟一个区，用来存放文件的有关信息（如文件的名字、文件状态及文件当前位置等）。这些信息是保存在结构体变量中的。该结构体类型是由系统定义的，取名为 FILE。TURBO C 在 stdio.h 文件中有以下的文件类型声明：

```
typedef struct
{
    short level;              /*缓冲区"满"或"空"的程度*/
    unsigned  flags;          /*文件状态标志*/
    char fd;                  /*文件描述符*/
    unsigned char hold;       /*如无缓冲区不读取字符*/
    short bsize;              /*缓冲区的大小*/
    unsigned char *buffer;    /*数据缓冲区的位置*/
    unsigned ar *curp;        /*指针，当前的指向*/
```

```
        unsigned istemp;              /*临时文件，指示器*/
        short token;                  /*用于有效性检查*/
    }FILE;
```

有了结构体 FILE 类型之后，可以用它来定义若干个 FILE 类型的变量，以便存放若干个文件的信息。例如，可以定义以下 FILE 类型的指针。

```
FILE *fp;
```

fp 是一个指向 FILE 类型结构体的指针变量。可以使 fp 指向某一个文件的结构体变量，从而通过该结构体变量中的文件信息能够访问该文件。也就是说，通过文件指针变量能够找到与它相关的文件。

12.2.2　文件的打开与关闭

对文件进行操作之前，必须先打开该文件；使用结束后，应立即关闭，以免数据丢失。

C 语言规定了标准输入输出函数库，用 fopen()函数打开一个文件，用 fclose()函数关闭一个文件。

1. 文件打开函数 fopen。

函数原型：

```
FILE *fopen (char *filename,char *mode);
```

功能：打开一个文件。

调用形式：

```
FILE *fp;
fp=fopen(文件名,文件使用方式);
```

其中："文件名"指要打开的文件的名字，它是一个字符串，也可以是字符数组名或指向字符串的指针；"文件使用方式"指对打开文件的访问形式。如：

```
fp=fopen("d:\user\file1.dat","r+");
```

它表示以"r+"方式打开文件"d:\user\file1.dat"，

fopen()函数的返回值：当成功打开文件时，带回指向该文件的指针并赋给 fp，这样 fp 就指向该文件了。如果不能实现"打开"任务，fopen()函数将会带回一个出错信息。出错原因可能是用"r"方式打开一个不存在的文件、磁盘出故障、磁盘已满无法建立新文件等。

fopen()函数中的"文件使用方式"如下：

"r"：只读，以只读方式打开一个文本文件，指定的文件必须存在，否则出错。

"w"：只写，以只写方式打开一个空文本文件。如果指定的文件存在，则其中的内容将被删去；如果指定的文件不存在，则创建一个新的文本文件。

"a"：追加，以追加方式打开一个文本文件，即向文件末尾增加数据（注意：文件中原来的内容不被删去）。指定的文件必须存在，否则出错。打开时，读/写位置指针处于文件尾。

"r+"：读/写，以读/写方式打开一个文本文件，指定的文件必须存在。

"w+"：读/写，以读/写方式打开一个空文本文件，如果指定的文件已经存在，则其中的内容将被删去。

"a+"：读/写，以读和追加写方式打开一个文本文件，指定的文件必须存在。

如果在上述文件使用方式上附加字母 b（如"rb"、"wb"、"ab"、"rb+"、"wb+"、"b+"），则以同样的方式打开二进制文件。

需要指出的是，在程序开始运行时，系统自动打开 3 个标准文件：标准输入、标准输出、标准出错输出。通常这 3 个文件都与终端相联系，因此以前所用到的从终端输入或输出函数都不需要打开终端文件。系统自动定义了 3 个文件指针 stdin、stdout、stderr，分别指向终端输入、终端输出和标准出错输出（也从中断输出）。

2. 文件关闭函数 fclose()

函数原型：

```
int fclose(FILE *fp);
```

功能：关闭 fp 所指向的文件。

调用形式：

```
fclose(文件指针);
```

例如：

```
fclose(fp);
```

其中：fp 为文件类型指针，它是用 fopen()函数打开文件时获得的。

文件执行了关闭操作后，要想再一次执行读/写操作，必须再一次执行"打开"操作。

需要指出的是，文件使用完成之后一定要关闭它，一是防止数据丢失。因为在向文件写数据时，是先将数据输出到缓冲区，待缓冲区充满后才正式写入文件，如果缓冲区未充满而程序结束运行，就会将缓冲区中的数据丢失。用 fclose()函数关闭文件，则可避免这个问题（存完数据后再关闭）。二是每个系统允许打开的文件数是有限制的。如果不及关闭已处理完毕的文件，将可能影响其他文件的打开（因打开文件太多）。

12.2.3 文件的读/写

文件打开之后，就可以对它进行读/写操作了。文件读操作，是指从磁盘文件中向程序输入数据的过程；文件写操作，是指从程序向磁盘文件输入数据的过程。每调用一次读函数或写函数，文件的读写位置指针都将自动地移到下一次读写的位置上。

1. 单个字符的读写函数 fgetc()和 fputc()

函数原型：

```
int fgetc(FILE *fp);
int fputc(char ch,FILE *fp);
```

功能：fgetc()函数的功能是从指定文件读入一个字符（该文件必须以读或读写方式打开）；fputc()函数的功能是把一个字符写到磁盘文件中去（该文件必须以写或读写方式打开）。

调用形式：

```
ch=fgetc(fp);                /* 从 fp 所指的文件读入一个字符，并赋给 ch */
fputc(ch,fp);                /* 将 ch 所代表的字符输出到 fp 所指的文件中 */
```

其中：ch 是字符变量，也可以是字符常量；fp 是文件类型指针。

当 fgetc()函数读字符时遇到文件结束时，函数返回一个文件结束标志 EOF（End of File）。EOF 是在 stdio.h 文件中定义的符号常量，值为 1。

同样，fputc()函数如果输出失败，也返回 EOF（−1）。

为了书写方便，系统在 stdio.h 头文件中定义了宏名 getc 和 putc：

```
#define getc(fp)          fgetc(fp)
#define putc(ch,fp)       fputc(ch,fp)
```

因此，getc 和 fgetc ，putc 和 fputc 功能和用法是一样的。

另外，前面介绍的 getchar()和 putchar()函数，是分别从 fgetc()和 fputc()函数派生出来的（在 stdio.h 头文件中定义的宏）：

```
#define getchar()    fgetc(stdin)        /*stdin 为标准输入（键盘）*/
#define putchar(c)   fputc((c),stdout)    /*stdout 为标准输出（显示器）*/
```

【例 12.1】 读入文件内容，然后在屏幕上输出。

```
#include <stdio.h>
void main()
{
    FILE *fp;
    char ch;
    if((fp=fopen("c1.txt","r"))==NULL)
    {
        printf("\nCannot open file strike any key exit!");
        getch();                /*等待键盘输入*/
        exit(1);                /*程序终止，指定退出码为 1*/
    }
    ch=fgetc(fp);
    while(ch!=EOF)
    {
        putchar(ch);
        ch=fgetc(fp);
    }
    fclose(fp);
}
```

程序说明：

（1）本例程序的功能是从文件中逐个读取字符，在屏幕上显示。

（2）程序定义了文件指针 fp，以读文本文件方式打开文件"c1.txt"，并使 fp 指向该文件。如打开文件出错，给出提示并退出程序。

（3）程序语句 ch=fgetc(fp);先读出一个字符，然后进入循环，只要读出的字符不是文件结束标志（每个文件末有一结束标志 EOF）就把该字符显示在屏幕上，再读入下一字符。每读一次，文件内部的位置指针向后移动一个字符，文件结束时，该指针指向 EOF。执行本程序将显示整个文件。

【例 12.2】 从键盘输入一行字符，写入一个文件，再把该文件内容读出显示在屏幕上。

```
#include <stdio.h>
void main()
{
    FILE *fp;
    char ch;
    if((fp=fopen("string.txt","w+"))==NULL)
    {
        printf("Cannot open file strike any key exit!");
        getch();                /*等待键盘输入*/
        exit(1);                /*程序终止，指定退出码为 1*/
    }
    printf("input a string:\n");
    ch=getchar();
```

```
        while (ch!='\n')
        {
            fputc(ch,fp);
            ch=getchar();
        }
        rewind(fp);
        ch=fgetc(fp);
        while(ch!=EOF)
        {
            putchar(ch);
            ch=fgetc(fp);
        }
        printf("\n");
        fclose(fp);
}
```

程序说明：

（1）程序中"w+"表示以读写文本文件方式打开文件 string.txt。

（2）程序的语句 ch=getchar();依次接收键盘输入的每一个字符，当读入字符不为回车符时，则把该字符写入文件之中，然后继续从键盘读入下一字符。

（3）每输入一个字符，文件内部位置指针向后移动一个字节。写入完毕时，该指针已指向文件末。

（4）如要把文件从头读出，须把指针移向文件头，程序中的 rewind()函数用于把 fp 所指文件的内部位置指针移到文件头。

2．字符串的读写函数 fgets()和 fputs()

函数原型：

```
char *fgets(char *buf,int n,FILE *fp);
int fputs(char *str,FILE *fp);
```

功能：fgets()函数是从 fp 所指向的文件读入 n-1 个字符，并在最后加入一个字符串结束标志'\0'，然后把这个字符串放到字符数组 str 中。如果在读完 n-1 个字符之前遇到换行符或 EOF，读入即结束。

fputs()函数的作用是向指定的文件输出一个字符串。字符串末尾的'\0'不输出。

调用形式：

```
fgets(str,n,fp);
fputs(str,fp);
```

其中：fputs()函数的第一个参数可以是字符串常量，字符数组名或字符型指针。

fgets()和 fputs()函数与前面介绍过的 gets()和 puts()函数相似，只是 fgets()和 fputs()函数以指定的文件为读/写对象。

【例 12.3】从文件中读入一个含 10 个字符的字符串。

```
#include <stdio.h>
void main()
{
    FILE *fp;
    char str[11];
    if((fp=fopen("string.txt","r"))==NULL)
    {
```

```
        printf("\nCannot open file strike any key exit!");
        getch();              /*等待键盘输入*/
        exit(1);              /*程序终止，指定退出码为1*/
    }
    fgets(str,11,fp);
    printf("\n%s\n",str);
    fclose(fp);
}
```

程序说明：

本例定义了一个字符数组 str 共 11 字节，在以读文本文件方式打开文件 string.txt 后，从中读出 10 个字符送入 str 数组，在数组最后一个单元内将加上'\0'，然后在屏幕上显示输出 str 数组。

【例 12.4】在例 12.2 中建立的文件 string.txt 中追加一个字符串。

```
#include <stdio.h>
void main()
{
    FILE *fp;
    char ch,st[20];
    if((fp=fopen("string.txt","a+"))==NULL)
    {
        printf("Cannot open file strike any key exit!");
        getch();
        exit(1);
    }
    printf("input a string:\n");
    scanf("%s",st);
    fputs(st,fp);
    rewind(fp);
    ch=fgetc(fp);
    while(ch!=EOF)
    {
        putchar(ch);
        ch=fgetc(fp);
    }
    printf("\n");
    fclose(fp);
}
```

程序说明：

（1）本例要求在 string.txt 文件末加写字符串，因此，函数 fopen()以追加读/写文本文件的方式（"a+"）打开文件 string.txt。

（2）fputs()函数把字符串写入文件 string.txt，因为是追加打开的方式，所以是写到了原文件尾。

（3）程序中 rewind()函数把文件内部位置指针移到文件首。再进入循环逐个显示当前文件中的全部内容。

3. 格式化读写函数 fscanf()和 fprintf()

fscanf()函数，fprintf()函数与前面使用的 scanf()和 printf() 函数的功能相似，都是格式化读/写函数。两者的区别在于 fscanf()函数和 fprintf()函数的读/写对象不是键盘和显示器，而是磁盘文件。

这两个函数的调用格式为：

```
fscanf(文件指针,格式字符串,输入表列);
fprintf(文件指针,格式字符串,输出表列);
```

例如：

```
fscanf(fp,"%d%s",&i,s);
fprintf(fp,"%d%c",j,ch);
```

【例 12.5】fscanf()和 fprintf()函数的使用。

从键盘输入两个学生数据，写入一个文件中，再读出这两个学生的数据显示在屏幕上。

```
#include <stdio.h>
void main()
{
    FILE *fp;
    char name[10];
    int num,age;
    char addr[15];
    int i;
    fp=fopen("stu.txt","w+");           /*以读/写方式打开文件*/
    printf("\ninput data\n");
    for(i=0;i<2;i++)
    {
        scanf("%s%d%d%s", name,&num,&age,addr);
        fprintf(fp,"%s %d %d %s\n", name,num,age,addr);
    }
    rewind(fp);                          /*位置指针移复位*/
    printf("\nname\tnumber\tage\taddr\n");
    fscanf(fp,"%s%d%d%s\n",name,&num,&age,addr);
    while(!feof(fp))
    {
        printf("%s\t%d\t%d\t%s\n",name,num,age,addr);
        fscanf(fp,"%s%d%d%s\n",name,&num,&age,addr);
    }
    fclose(fp);
}
```

运行结果：

```
input data
Zhang    101     18      Hubei
Li       102     17      Beijing

name     number  age     addr
Zhang    101     18      Hubei
Li       102     17      Beijing
```

程序说明：

（1）输出语句 fprintf(fp,"%s %d %d %s\n", name,num,age,addr);中转换说明符之间用空格分开，这样输出到文件中的各项内容将以空格分开。

（2）程序中的函数调用 feof(fp)用来判断是否到了文件结束位置。

4. 数据块读/写函数 fread()和 fwtrite()

C 语言还提供了用于整块数据的读写函数。可用来读写一组数据，如一个数组元素，一个结构变量的值等。

函数原型：

```
int fread(char *pt,unsigned size,unsigned n,FILE *fp);
int fwrite(char *ptr,unsigned size,unsigned n,FILE *fp);
```

功能：

fread()函数从 fp 指向的文件读入一组数据；

fwrite()函数将一组数据输出到 fp 指向的磁盘文件中。

调用形式：

```
fread(buffer,size,count,fp);
fwrite(buffer,size,count,fp);
```

其中：buffer 是存放数据的缓冲区的首指针。size 是要读/写的字节数。count 是要读/写多少个 size 字节的数据项。fp 是文件指针。

对于返回值，当这两函数调用成功时，返回值应等于 count，即等于正确读/写字节数。否则读/写数据不成功。

例如：

```
fread(p,4,5,fp);
```

其意义是从 fp 所指的文件中，每次读 4 字节（块的大小），连续读 5 次，送入指针 p 所指位置依次往下存放。

【例 12.6】块读/写函数 fread()和 fwtrite()的使用。

从键盘输入两个学生数据，写入一个文件中，再读出这两个学生的数据显示在屏幕上。

```
#include <stdio.h>
struct stu
{
    char name[10];
    int num;
    int age;
    char addr[15];
};
void main()
{
    FILE *fp;
    struct stu  boy;
    char ch;
    int i;
    fp=fopen("stu.dat","wb+");
    printf("\ninput data\n");
    for(i=0;i<2;i++)
    {
        scanf("%s%d%d%s",boy.name,&boy.num,&boy.age,boy.addr);
        fwrite(&boy,sizeof(struct stu),1,fp);
    }
    rewind(fp);
    printf("\nname\tnumber\tage\taddr\n");
    while(fread(&boy,sizeof(struct stu),1,fp)==1)
        printf("%s\t%d\t%d\t%s\n",boy.name,boy.num,boy.age,boy.addr);
    fclose(fp);
}
```

运行结果：

```
input data
Zhang    101      18       Hubei
Li       102      18       Beijing


name     number   age      addr
Zhang    101      18       Hubei
Li       102      18       Beijing
```

程序说明：

（1）本程序要求同例 12.5，实现方法不一样，同时以"读/写二进制文件（"wb+"）"的方式打开文件。

（2）分别以块写（fwrite()）块读（fread()）函数来向文件写数据和读数据。

（3）函数调用语句 rewind(fp);将位置指针复位。

（4）块读（fread()）函数用来判断文件是否结束的依据是看函数返回的值（实际读的块数）跟第 3 个参数（count 此时为 1）是否相等，这里不要用 feof()函数。

12.3　知识与技能扩展

12.3.1　文件位置指针操作函数

文件的读/写操作是从文件的读/写位置开始的，每进行一次读/写操作，文件的读/写位置都自动地发生变化。程序设计者可以通过调用 C 语言的库函数来改变文件的读/写位置，这些函数称为文件定位函数。

1．feof()函数

函数原型：

```
int feof(FILE *fp);
```

调用格式：

```
feof(fp);
```

功能：检测文件位置指针，用来确定是否到达了与 fp 相连接的文件的结尾，如文件位置指针处于文件结尾，则返回值为 1，否则为 0。

注意：使用该函数一定要先读取内容，后使用该函数。例如：

```
ch=fgetc(in);
while(!feof(in))
{
  fputc(ch, out);
  ch=fgetc(in);
}
```

而不应先检测，后读取文件，如下面方法容易出错（出现最后一次读出的内容重复情况）：

```
while(!feof(in))
{
    ch=fgetc(in);
    fputc(ch, out);
}
```

2．rewind()函数

函数原型：

`void rewind(FILE *fp);`
功能：将文件的读写位置指针移动到文件的开头。

调用形式：

`rewind(fp);`

3．fseek()函数

函数原型：

`int fseek(FILE *fp, long offset, int base);`
功能：将文件的读/写位置指针移动到指定的位置上。

调用方式：

`fseek(文件指针,偏移量,起始位置);`
其中：

"文件指针"指向被移动的文件。

"起始位置"包括 3 种规定的起始位置有三种：文件首，当前位置和文件尾。其表示方法如表 12-1 所示。

表 12-1　移动位置指针时起始位置变化情况

起 始 位 置	表 示 符 号	数 字 表 示
文件首	SEEK_SET	0
当前位置	SEEK_CUR	1
文件末尾	SEEK_END	2

"偏移量"指以"起始位置"为基点，向前或向后移动的字节数，它是长整型数。若偏移量为正整数，表示向文件头方向移动；若偏移量为负整数，表示向文件尾方向移动。例如：

```
fseek(fp, 10L, 0);          /*表示将位置指针从开始位置后移 10 个字节*/
fseek(fp, 20L, SEEK_CUR);   /*表示将位置指针从当前位置向尾部后移 20 个字节*/
fseek(fp, -20L, 2);         /*表示将位置指针从文件末尾处向文件头移 20 个字节*/
fseek(fp, 0, SEEK_END);     /*表示将位置指针移到文件末尾*/
```
还要说明的是 fseek()函数一般用于二进制文件。在文本文件中由于要进行转换，故往往计算的位置会出现错误。

12.3.2　文件的随机读/写

在移动位置指针之后，即可用前面介绍的任一种读/写函数进行读/写。由于一般是读/写一个数据据块，因此常用 fread()和 fwrite()函数。

下面用例题来说明文件的随机读/写。

【例 12.7】在文件指定位置读取数据块。从键盘输入两个学生数据，写入一个文件中，再读出第 2 个学生的数据显示在屏幕上。

```
#include <stdio.h>
struct stu
{
    char name[10];
```

```
    int num;
    int age;
    char addr[15];
};
void main()
{
    FILE *fp;
    struct stu  boy;
    char ch;
    int i;
    fp=fopen("stu.dat","wb+");
    printf("\ninput data\n");
    for(i=0;i<2;i++)
    {
        scanf("%s%d%d%s",boy.name,&boy.num,&boy.age,boy.addr);
        fwrite(&boy,sizeof(struct stu),1,fp);
    }
    rewind(fp);
    fseek(fp,sizeof(struct stu),0);
    printf("\nname\tnumber\tage\taddr\n");
    fread(&boy,sizeof(struct stu),1,fp);
    printf("%s\t%d\t%d\t%s\n",boy.name,boy.num,boy.age,boy.addr);
    fclose(fp);
}
```

运行结果：
```
input data
Zhang    101    18       Hubei
Li       102    18       Beijing

name     number age      addr
Li       102    18       Beijing
```

程序说明：

本例基本原理同例 12.6，不同之处是用读数据块之前用 fseek() 函数将位置指针移到第 2 条记录。

12.4 典型案例

【案例 1】将字符逐一保存到文本文件

从键盘输入一些字符，逐个把它们保存到文件中，直到输入文本文件结束标志（【Ctrl+Z】组合键）为止。

源程序：
```
#include  "stdio.h"
void main()
{
    FILE *fp;
    char ch;
```

```
        if((fp=fopen("file.txt","w+"))==NULL)
        {
            printf("cannot open file\n");
            exit(1);
        }
        printf("input:\n");
        ch=getchar();
        while(ch!=EOF)
        {
            fputc(ch,fp);
            ch=getchar();
        }
        printf("\nThe contents of the file :\n");
        rewind(fp);
        while((ch=fgetc(fp))!=EOF) putchar(ch);
        fclose(fp);
}
```

运行结果：
```
input:
AAAAAAAAAAAAAAAA
BBBBB BBBBBBB BBBBBB^Z

The contents of the file :
AAAAAAAAAAAAAAAA
BBBBB BBBBBBB BBBBBB
```
程序说明：

通过键盘输入时，按【Ctrl+Z】组合键代表的是文件结束标记，输入时屏幕显示为^Z，通过 getchar()函数收到的是 EOF（–1）。

【案例 2】合并两个文本文件

有两个磁盘文件 A 和 B，各存放一行字母，要求把这两个文件中的信息合并（按字母顺序排列），输出到一个新文件 C 中。

源程序：
```
#include  "stdio.h"
void main()
{
    FILE *fp;
    int i,j,n;
    char c[160],t,ch;
    if((fp=fopen("A.txt","r"))==NULL)
    {
        printf("file A.txt cannot be opened\n");
        exit(0);
    }
    printf("\nA.txt contents are :\n");
    for(i=0;(ch=fgetc(fp))!=EOF;i++)
    {
        c[i]=ch;
```

```
            putchar(c[i]);
        }
        fclose(fp);
        if((fp=fopen("B.txt","r"))==NULL)
        {
            printf("file B.txt cannot be opened\n");
            exit(0);
        }
        printf("\nB.txt contents are :\n");
        for(;(ch=fgetc(fp))!=EOF;i++)
        {
            c[i]=ch;
            putchar(c[i]);
        }
        fclose(fp);
        n=i;
        for(i=0;i<n-1;i++)
            for(j=i+1;j<n;j++)
                if(c[i]>c[j])
                    {t=c[i];c[i]=c[j];c[j]=t;}
        printf("\nC.txt file is:\n");
        fp=fopen("C.txt","w");
        for(i=0;i<n;i++)
        {
            putc(c[i],fp);
            putchar(c[i]);
        }
        fclose(fp);
    }
```

运行结果:
```
A.txt contents are :
CDEFGHI
B.txt contents are :
ABCDKLIM
C.txt file is:
ABCCDDEFGHIIKLM
```

【案例 3】 保存数据块到二进制文件

有 5 个学生, 每个学生有 3 门课的成绩, 从键盘输入以上数据 (包括学号、姓名、三门课成绩), 计算出平均成绩, 将原有的数据和计算出的平均分数存放在磁盘文件 "stud.dat" 中。

源程序:
```c
#include "stdio.h"
struct student
{
    char num[6];
    char name[8];
    int score[3];
    float avg;
```

```
};
void main()
{
    int i,j,sum;
    struct student stu[5];
    FILE *fp;
    /*输入部分*/
    for(i=0;i<5;i++)
    {
        printf("\n please input No. %d score:\n",i);
        printf("stuNo:");
        scanf("%s",stu[i].num);
        printf("name:");
        scanf("%s",stu[i].name);
        sum=0;
        for(j=0;j<3;j++)
        {
            printf("score %d.",j+1);
            scanf("%d",&stu[i].score[j]);
            sum+=stu[i].score[j];
        }
        stu[i].avg=sum/3.0;
    }
    fp=fopen("stud.dat","wb");
    for(i=0;i<5;i++)
        fwrite(&stu[i],sizeof(struct student),1,fp);
    rewind(fp);
    printf("\nstuNo\tname\tsco1\tsco2\tsco3\tavg\n");
    while(fread(stu,sizeof(struct student),1,fp)==1)
        printf("%s\t%s\t%d\t%d\t%d\t%.1f\n",
            stu[0].num,stu[0].name, stu[0].score[0],
            stu[0].score[1], stu[0].score[2], stu[0].avg);
fclose(fp);
}
```

小 结

（1）文件是指存放在外部存储介质上的数据集合。C 语言将文件看做由一个一个字符（ASCII 码文件）或字节（二进制文件）组成的，将这种文件称为流式文件。

（2）从文件编码的方式来看，文件可分为 ASCII 码文件和二进制码文件两种。

（3）C 语言中，用文件指针标识文件，当一个文件被打开时，可取得该文件指针。

（4）文件可按只读、只写、读/写、追加四种操作方式打开，同时还必须指定文件的类型是二进制文件还是文本文件。文件在读/写之前必须打开，读/写结束后必须关闭。

（5）文件可按字节、字符串、数据块为单位读/写，文件也可按指定的格式进行读/写。

（6）文件内部的位置指针可指示当前的读/写位置，移动该指针可以对文件实现随机读/写。

习 题

一、选择题

1. 以下叙述中错误的是（　　　）。

   A. 二进制文件打开后可以先读文件的末尾，而顺序文件不可以

   B. 在程序结束时，应当用 fclose() 函数关闭已打开的文件

   C. 在利用 fread() 函数从二进制文件中读数据时，可以用数组名将数组中的所有元素读入数据

   D. 不可以用 FILE 定义指向二进制文件的文件指针

2. 以下叙述中不正确的是（　　　）。

   A. C 语言中的文本文件以 ASCII 码形式存储数据

   B. C 语言中对二进制文件的访问速度比文本文件快

   C. C 语言中，随机读/写方式不适用于文本文件

   D. C 语言中，顺序读/写方式不适用于二进制文件

3. C 语言中，指向系统的标准输入文件的指针是（　　　）。

   A. stdout　　　　　　B. stdin　　　　　　C. stderr　　　　　　D. stdprn

4. C 语言可以处理的文件类型是（　　　）。

   A. 文本文件和数据文件　　　　　　B. 文本文件和二进制文件

   C. 数据文件和文本文件　　　　　　D. 数据代码文件

5. C 语言中，库函数 fgets(str,n,fp) 的功能是（　　　）。

   A. 从 fp 所指向的文件中读取长度为 n 的字符串存入 str 开始的内存

   B. 从 fp 所指向的文件中读取长度不超过 n–1 的字符串存入 str 开始的内存

   C. 从 fp 所指向的文件中读取 n 个字符串存入 str 开始的内存

   D. 从 str 开始的内存读取至多 n 个字符存入 fp 所指向的文件

6. 若 fp 是指向某文件的指针且已读到文件的末尾，则表达式 feof(fp) 的值为（　　　）。

   A. EOF　　　　　　B. –1　　　　　　C. 非零值　　　　　　D. NULL

7. 下列对 C 语言的文件存取方式的叙述中，正确的是（　　　）。

   A. 只能顺序存取　　　　　　B. 只能随机存取

   C. 可以顺序存取，也可以随机存取　　　　　　D. 只能从文件的开头存取

8. 下列语句中，将 c 定义为文件型指针的是（　　　）。

   A. FILE　c;　　　　B. FILE　*c;　　　　C. file　c;　　　　D. file　*c;

9. 标准库函数 fputs(p1,p2) 的功能是（　　　）。

   A. 从 p1 指向的文件中读取一个字符串存入 p2 开始的内存

   B. 从 p2 指向的文件中读取一个字符串存入 p1 开始的内存

   C. 从 p1 开始的内存中读取一个字符串存入 p2 指向的文件

   D. 从 p2 开始的内存中读取一个字符串存入 p1 指向的文件

二、填空题

1. 下列程序由键盘输入一个文件名，然后把从键盘输入的字符依次存放到磁盘文件中，直到输入一个"#"为止。

```c
#include  "stdio.h"
void main()
{
    FILE *fp;
    char  ch,filename[10];
    scanf("%s",filename);        /*用户输入存在的文件名*/
    if(_____)
    {
        printf("cannot open file\n");
        exit(0);
    }
    while((ch=getchar())!='#');
    fclose(fp);
}
```

2. 下列程序从一个二进制文件中读取结构体数据，并把读出的数据显示在屏幕上。

```c
#include  "stdio.h"
struct rec
{
    int a;
    float b;
};
recout(FILE *fp)
{
    struct rec r;
    do
    {
        if(fread(_____,sizeof(struct rec),_____,fp)!=1)
            _____;
        printf("%d,%f",r.a,r.b);
    }while(1);
}
void main()
{
    FILE *fp;
    fp=fopen("file.dat","rb");
    recout(fp);
    fclose(fp);
}
```

三、编程题

1. 编写程序，统计一个文本文件中含有英文字母的个数。
2. 编写程序，实现两个文本文件的连接。
3. 从键盘输入一组以"#"结束的字符，若为小写字母，则转换成大写字母，然后输出到一个磁盘文件 file.txt 中保存。
4. 将一个磁盘文件中的空格删除后存入另外一个文件中。
5. 有 5 个学生，每个学生有 4 门课的成绩，从键盘输入每个学生的数据（包括学号、姓名和 4 门课的成绩），计算平均成绩，将原有数据和计算出的平均成绩存入磁盘文件 file.dat 中。

附录 A C 语言的关键字及其用途

关键字	用途	说　　明
char		1 字节长的字符值
short		短整数
int		整数
unsigned		无符号类型，最高位不作符号位
long		长整数
float		单精度实数
double		双精度实数
struct	数据类型	用于定义结构体的关键字
union		用于定义共用体的关键字
void		空类型，用它定义的对象不具有任何值
enum		定义枚举类型的关键字
signed		有符号类型，最高位作符号位
const		表明这个量在程序执行过程中不可变
volatile		表明这个量在程序执行过程中可被隐含地改变
typedef		用于定义同义数据类型
auto		自动变量
register	存储类别	寄存器变量
static		静态变量
extern		外部变量声明
break		退出最内层的循环或 switch 语句
case		switch 语句中的情况选择
continue		跳到下一轮循环
default		switch 语句中其余情况标号
do		在 do...while 循环中的循环起始标记
else		if 语句中的另一种选择
for	流程控制	带有初值/测试和增量的一种循环
goto		转移到标号指定的地方
if		语句的条件执行
return		返回到调用函数
switch		从所有列出的动作中作出选择
while		在 while 和 do...while 循环中语句的条件执行
sizeof	类型运算符	计算表达式和类型的字节数

附录 B 常用字符的 ASCII 表

ASCII 码		字符	ASCII 码		字符	ASCII 码		字符	ASCII 码		字符
DEC	HEX		DEC	HEX		DEC	HEX		DEC	HEX	
0	00	NUL	32	20	空格	64	40	@	96	60	`
1	01	SOH	33	21	!	65	41	A	97	61	a
2	02	STX	34	22	"	66	42	B	98	62	b
3	03	ETX	35	23	#	67	43	C	99	63	c
4	04	EOT	36	24	$	68	44	D	100	64	d
5	05	ENQ	37	25	%	69	45	E	101	65	e
6	06	ACK	38	26	&	70	46	F	102	66	f
7	07	BEL	39	27	'	71	47	G	103	67	g
8	08	BS	40	28	(	72	48	H	104	68	h
9	09	TAB	41	29	)	73	49	I	105	69	i
10	0A	LF	42	2A	*	74	4A	J	106	6A	j
11	0B	VT	43	2B	+	75	4B	K	107	6B	k
12	0C	FF	44	2C	,	76	4C	L	108	6C	l
13	0D	CR	45	2D	−	77	4D	M	109	6D	m
14	0E	SO	46	2E	.	78	4E	N	110	6E	n
15	0F	SI	47	2F	/	79	4F	O	111	6F	o
16	10	DLE	48	30	0	80	50	P	112	70	p
17	11	DC1	49	31	1	81	51	Q	113	71	q
18	12	DC2	50	32	2	82	52	R	114	72	r
19	13	DC3	51	33	3	83	53	S	115	73	s
20	14	DC4	52	34	4	84	54	T	116	74	t
21	15	NAK	53	35	5	85	55	U	117	75	u
22	16	SYN	54	36	6	86	56	V	118	76	v
23	17	ETB	55	37	7	87	57	W	119	77	w
24	18	CAN	56	38	8	88	58	X	120	78	x
25	19	EM	57	39	9	89	59	Y	121	79	y
26	1A	SUB	58	3A	:	90	5A	Z	122	7A	z
27	1B	ESC	59	3B	;	91	5B	[	123	7B	{
28	1C	FS	60	3C	<	92	5C	\	124	7C	|
29	1D	GS	61	3D	=	93	5D	]	125	7D	}
30	1E	RS	62	3E	>	94	5E	^	126	7E	~
31	1F	US	63	3F	?	95	5F	_	127	7F	DEL

附录 C 扩充字符 ASCII 表

ASCII 码		字符	ASCII 码		字符	ASCII 码		字符	ASCII 码		字符
DEC	HEX		DEC	HEX		DEC	HEX		DEC	HEX	
128	80	Ç	160	A0	á	192	C0	└	224	E0	α
129	81	ü	161	A1	í	193	C1	┴	225	E1	β
130	82	é	162	A2	ó	194	C2	┬	226	E2	Γ
131	83	â	163	A3	ú	195	C3	├	227	E3	π
132	84	ä	164	A4	ñ	196	C4	─	228	E4	Σ
133	85	ã	165	A5	Ñ	197	C5	┼	229	E5	σ
134	86	å	166	A6	a	198	C6	╞	230	E6	µ
135	87	ç	167	A7	o	199	C7	╟	231	E7	τ
136	88	ê	168	A8	¿	200	C8	╚	232	E8	Φ
137	89	ë	169	A9	⌐	201	C9	╔	233	E9	θ
138	8A	è	170	AA	¬	202	CA	╩	234	EA	Ω
139	8B	ï	171	AB	½	203	CB	╦	235	EB	δ
140	8C	î	172	AC	¼	204	CC	╠	236	EC	∞
141	8D	ì	173	AD	<<	205	CD	═	237	ED	φ
142	8E	Ä	174	AE	>>	206	CE	╬	238	EE	∈
143	8F	Å	175	AF	<<	207	CF	╧	239	EF	∩
144	90	É	176	B0	▓	208	D0	╨	240	F0	≡
145	91	æ	177	B1	▓	209	D1	╤	241	F1	±
146	92	Æ	178	B2	▓	210	D2	╥	242	F2	≥
147	93	ô	179	B3	│	211	D3	╙	243	F3	≤
148	94	ö	180	B4	┤	212	D4	╘	244	F4	⌠
149	95	ò	181	B5	╡	213	D5	╒	245	F5	⌡
150	96	û	182	B6	╢	214	D6	╓	246	F6	÷
151	97	ù	183	B7	╖	215	D7	╫	247	F7	≈
152	98	ÿ	184	B8	╕	216	D8	╪	248	F8	°
153	99	ö	185	B9	╣	217	D9	┘	249	F9	·
154	9A	Ü	186	BA	║	218	DA	┌	250	FA	·
155	9B	¢	187	BB	╗	219	DB	█	251	FB	√
156	9C	£	188	BC	╝	220	DC	▄	252	FC	Π
157	9D	¥	189	BD	╜	221	DD	▌	253	FD	Z
158	9E	Pt	190	BE	╛	222	DE	▐	254	FE	■
159	9F		191	BF	┐	223	DF	▀	255	FF	

　　注："扩充字符"码值由 80H 到 0FFH 共 128 个字符，这 128 个扩充字符是由 IBM 制定的，并非标准的 ASCII 码。这些字符是用来表示框线、音标和其他欧洲非英语系的字母。

附录 D 运算符和结合性

优先级	运算符	含义	要求运算对象的个数	结合方向
1	() [] -> .	圆括号 下标运算符 指向结构体成员运算符 结构体成员运算符		自左向右
2	! ~ ++ -- - （类型） * & sizeof	逻辑非运算符 按位取反运算符 自增运算符 自减运算符 负号运算符 类型转换运算符 指针运算符 取地址运算符 长度运算符	单目运算符	自右向左
3	* / %	乘法运算符 除法运算符 求余运算符	双目运算符	自左向右
4	+ -	加法运算符 减法运算符	双目运算符	自左向右
5	<< >>	左移位运算符 右移位运算符	双目运算符	自左向右
6	< <= > >=	关系运算符	双目运算符	自左向右
7	== !=	等于运算符 不等于运算符	双目运算符	自左向右
8	&	按位与运算符	双目运算符	自左向右
9	^	按位异或运算符	双目运算符	自左向右
10	|	按位或运算符	双目运算符	自左向右
11	&&	逻辑与运算符	双目运算符	自左向右
12	||	逻辑或运算符	双目运算符	自左向右
13	? :	条件运算符	三目运算符	自右向左
14	=、+=、-=、*= /=、%=、>>=、<<= &=、^=、!=	赋值运算符	双目运算符	自右向左

优先级	运 算 符	含 义	要求运算对象的个数	结合方向
15	,	逗号运算符 （顺序求值运算符）		自左向右

【说明】① 同一优先级的运算符，运算次序由结合方向决定。例如＊与/具有相同的优先级别，其结合方向为自左向右，因此 3＊5/4 的运算次序是先乘后除。-和++为同一优先级，结合方向为自右向左，因此-i++相当于-(i++)。

② 不同的运算符要求有不同的运算对象个数，如+（加）和-（减）为双目运算符，要求在运算符两侧各有一个运算对象（如 3+5、8-3 等）。而++和-（负号）运算符是一元运算符，只能在运算符的一侧出现一个运算对象（如-a、i++、--i、（float）i、sizeof(int)、*p 等）。条件运算符是 C 语言中唯一的一个三目运算符，如 x? a: b。

③ 从上述表中可以大致归纳出各类运算符的优先级（由上到下递减）：

初等运算符（ ）、[ ]、->、·
↓
单目运算符
↓
算术运算符 （先*、/、%，后+、-）
↓
↓位运算符（依次是<<、>>）
↓
关系运算符 （先<、<=、>、>=，后==、!=）
↓
↓位运算符（依次是&、^、|）
↓
逻辑运算符 （不包括!）
↓
条件运算符
↓
赋值运算符
↓
逗号运算符

库函数并不是 C 语言的一部分。它是人们根据需要编写并提供给广大用户使用的。每一种 C 编译系统都提供了一批库函数，不同的编译系统所提供的库函数的数目、函数名及函数功能是不完全相同的。ANSIC 标准提出了一批建议提供的标准库函数，它包括了目前多数编译系统所提供的库函数，但也有一些是某些 C 编译系统没有实现的。

由于 C 库函数的种类和数目很多（例如屏幕和图形函数、时间日期函数、与系统有关的函数等，每一类又包括各种功能的函数），限于篇幅，本附录只从教学需要的角度列出 ANSI C 标准建议提供的、常用的部分库函数。读者在编写 C 程序时可能要用到更多的库函数，请查阅有关手册。

1. 数学函数

使用数学函数时，应在源程序文件中使用以下预处理命令行：

```
#include <math.h>
```

函 数 名	函 数 原 型	功 能	返 回 值	说 明
abs	int abs (int x);	求整数 x 的绝对值	计算结果	
acos	double acos (double x);	计算 $\cos^{-1}x$ 的值	计算结果	x 应在-1 到 1 范围内
asin	double asin (double x) ;	计算 $\sin^{-1}x$ 的值	计算结果	x 应在-1 到 1 范围内
atan	double atan (double x);	计算 $\tan^{-1}x$ 的值	计算结果	
atan2	double atan2(double x , double y);	计算 $\tan^{-1}x/y$ 的值	计算结果	
cos	double cos (double x);	计算 $\cos x$ 的值	计算结果	x 的单位为弧度
cosh	double cosh (double x);	计算 x 的双曲余弦 $\cosh x$ 的值	计算结果	
exp	double exp (double x);	求 e^x 的值	计算结果	
fabs	double fabs (double x);	求 x 的绝对值	计算结果	
floor	double floor (double x);	求出不大于 x 的最大整数	该整数的双精度实数	
fmod	double fmod (double x , double y);	求整除 x/y 的余数	返回余数的双精度数	
frexp	double frexp (double val , int *eptr);	把双精度数 val 分解为数字部分（尾数）x 和以 2 为底的指数 n，即 val=$x*2^n$，n 存放在 eptr 指向的变量中	返回数字部分 x $0.5 \leq x < 1$	

续表

函 数 名	函 数 原 型	功　　能	返 回 值	说　明
log	double　log (double x);	求 $\log_e x$，即 $\ln x$	计算结果	
log10	double　log10 (double x);	求 $\log_{10} x$	计算结果	
modf	double　modf (double vol , double　*iptr);	把双精度数 val 分解为整数部分和小数部分，把整数部分存到 iptr 指向的单元	val 的小数部分	
pow	double pow (double x , double　y);	计算 x、y 的值	计算结果	
rand	int rand (void);	产生−90到32767间的随机整数	随机整数	
sin	double sin (double x);	计算 $\sin x$ 的值	计算结果	x 的单位为弧度
sinh	double sinh (double x);	计算 x 双曲正弦函数 $\sinh(x)$的值	计算结果	
sqrt	double sqrt (double x);	计算 x 的平方根	计算结果	$x \geqslant 0$
tan	double tan (double x);	计算 $\tan(x)$的值	计算结果	x 的单位为弧度
tanh	double tanh (double x);	计算双曲正切函数 $\tanh(x)$的值	计算结果	

2．字符函数

使用字符函数时，应在源程序文件中使用以下预处理命令行：

```
#include  <ctype.h>
```

有的 C 编译系统不遵循 ANSI C 标准的规定，而用其他名称的头文件。使用时请查有关手册。

函 数 名	函 数 原 型	功　　能	返 回 值
isalnum	int isalnum (int ch) ;	检查 ch 是否是字母（alpha）或数字（numeric）	是，返回 1；否则返回 0
isalpha	int isalpha (int ch) ;	检查 ch 是否是字母	是，返回 1；不是，返回 0
iscntrl	int iscntrl (int ch) ;	检查 ch 是否控制字符（其 ASCII 码在 0 和 0x1F 之间）	是，返回 1；不是，返回 0
isdigit	int isdigit (int ch) ;	检查 ch 是否数字（0~9）	是，返回 1；不是，返回 0
isgraph	int isgraph (int ch) ;	检查 ch 是否可打印字符（其 ASCII 码在 0x21 和 0x7E 之间），不包括空格	是，返回 1；不是，返回 0
islower	int islower (int ch) ;	检查 ch 是否小写字母(a~z)	是，返回 1；不是，返回 0
isprint	int isprint (int ch) ;	检查 ch 是否可打印字符（包括空格），其 ASCII 码在 0x20 和 0x7E 之间	是，返回 1；不是，返回 0
ispunct	int ispunct (int ch) ;	检查 ch 是否标点字符（不包括空格），即除字母、数字和空格以外的所有可打印字符	是，返回 1；不是，返回 0
isspace	int isspace (int ch) ;	检查 ch 是否是空格、跳格符（制表符）或换行符。	是，返回 1；不是，返回 0
isupper	int isupper (int ch) ;	检查 ch 是否为大写字母（A~Z）	是，返回 1；不是，返回 0
isxdigit	int isxdigit (int ch) ;	检查 ch 是否一个十六进制数字字符（即 0~9，或 A 到 F，或 a~f ）	是，返回 1；不是，返回 0
tolower	int tolower (int ch) ;	将 ch 字符转换成小写字符	返回 ch 相应的小写字母
toupper	int toupper (int ch) ;	将 ch 字符转换成大写字符	返回 ch 相应的大写字母

3. 字符串函数

使用字符串函数时，应在源程序文件中使用以下预处理命令行：

`#include <string.h>`

有的 C 编译系统不遵循 ANSI C 标准的规定，而用其他名称的头文件。使用时请查有关手册。

函数名	函数原型	功 能	返回值
strcat	char * strcat (char *str1, char *str2);	把字符串 str2 接到 str1 后面，str1 最后面的 '\0' 被取消	str1
strchr	char * strchr (char * str, int ch);	找出 str 指向的字符串中第一次出现字符 ch 的位置。	返回指向该位置的指针，若找不到，则返回空指针
strcmp	int strcmp(char * str1, char * str2);	比较两个字符串 str1、str2。	str1>str2，返回正数；str1=str2，返回 0；str1<str2，返回负数
strcpy	char * strcpy (char * str1, char * str2);	把 str2 指向的字符串复制到 str1 中去	返回 str1
strlen	unsigned int strlen(char * str);	统计字符串 str 中字符的个数（不包括终止符 '\0'）	返回字符个数
strstr	char * strstr (char * str1, char * str2);	找出 str2 字符串在 str1 字符串中第一次出现的位置（不包括 str2 的串结束符 '\0'）	返回该位置的指针；若找不到，返回空指针

4. 输入/输出函数

使用下表中的输入/输出函数时，应在源程序文件中使用以下预处理命令行：

`#include <stdio.h>`

函数名	函数原型	功 能	返回值	说 明
clearerr	void clearerr (FILE *fp);	使 fp 所指文件的错误标志和文件结束标志都置 0	无	
close	int close (int fp);	关闭文件	关闭成功返回 0，不成功，返回–1	非 ANSI 标准
creat	int creat (char *filename, int mode);	以 mode 所指定的方式建立文件	成功则返回正数，否则返回–1	非 ANSI 标准
eof	int eof (int fp);	检查文件是否结束	遇文件结束，返回 0，否则返回–1	非 ANSI 标准
fclose	int fclose (FILE *fp);	关闭 fp 所指的文件，释放文件缓冲区	出错则返回非 0，否则返回 0	
feof	int feof (FILE *fp);	检查文件是否结束	遇文件结束符返回非 0，否则返回 0	
fgetc	int fgetc (FILE *fp);	从 fp 所指定的文件中取得下一个字符	返回所得到的字符，若读入出错，返回 EOF	
fgets	char *fgets (char *buf, int n, FILE *fp);	从 fp 指向的文件读取一个长度为（n–1）的字符串，存入起始地址为 buf 的空间	返回地址 buf，若遇文件结束或出错，返回 NULL	
fopen	FILE *fopen(char *filename, char *mode);	以 mode 指定的方式打开名为 filename 的文件	成功，返回一个文件指针（文件信息区的起始地址），否则返回 0	

续表

函 数 名	函 数 原 型	功　　能	返 回 值	说 明
fprintf	int fprintf (FILE *fp, char *format, args, …);	把 args 的值以 format 指定的格式输出到 fp 所指向的文件中	实际输出的字符个数	
fputc	int fputc (char ch, FILE *fp);	将字符 ch 输出到 fp 指向的文件中	成功，则返回该字符；否则返回 0	
fputs	int fputs (char *str, FILE *fp);	将 str 指向的字符串输出到 fp 所指向的文件。	返回 0，若出错返回非 0	
fread	int fread (char *pt, unsigned size, unsigned n, FILE *fp);	从 fp 所指向的文件中读取 n 个长度为 size 的数据项，存到 pt 所指向的内存区	返回所读的数据项个数 n，如遇文件结束或出错返回 0	
fscanf	int fscanf (FILE *fp, char format, args, …);	从 fp 所指向的文件中按 format 给定的格式将输入数据送到 args 所指向的内存单元（args 是指针）	已输入的数据个数	
fseek	int fseek (FILE *fp, long offset, int base);	将 fp 所指文件的位置指针移到以 base 所指出的位置为基准、以 offset 为位移量的位置	返回当前位置，否则返回−1	
ftell	long ftell (FILE *fp);	返回 fp 所指文件的当前读/写位置	返回 fp 所文件的当前读/写位置	
fwrite	int fwrite (FILE *ptr, unsigned size, unsigned n, FILE *fp);	把 ptr 所指向的 n * size 个字节输出到 fp 所指向的文件中	写到 fp 文件中的数据项的个数	
getc	#define getc(fp) fgetc(fp) 可看做 int getc (FILE *fp);	从 fp 所指向的文件中读入一个字符	返回所读的字符，若文件结束或出错，返回 EOF	
getchar	#define getchar() fgetc(stdin) 可看做 int getchar (void);	从标准输入设备读取下一个字符	读取字符。若文件结束或出错，则返回−1	
gets	char *gets (char *str);	从标准输入设备输入一个字符串给 str 所指空间	返回地址 str。若出错，返回 NULL	
getw	int getw (FILE *fp);	从 fp 所指向的文件读取下一个字（整数）	读入的整数。若文件结束或出错，则返回−1	非 ANSI 标准
open	int open (char *filename, int mode);	以 mode 指定的方式打开已存在的名为 filename 的文件	返回文件号（正数）。如打开失败，则返回−1	非 ANSI 标准函数
printf	int printf (char *format, args, …);	按 format（一个字符串，或字符数组的起始地址）指向的格式字符串所规定的格式，将输出表列 args 的值输出到标准输出设备	输出字符的个数，若出错返回负数	
putc	#define putc (ch, fp) fputc(ch, fp) 可看做 int putc (int ch, FILE *fp);	把一个字符 ch 输出到 fp 所指的文件中	输出的字符 ch,若出错返回 EOF	
putchar	#define putchar (c) fputc((c),stdout) 可看做 int putchar (char ch);	把字符 ch 输出到标准输出设备	输出的字符 ch。若出错，返回 EOF	

续表

函数名	函数原型	功　能	返回值	说明
puts	int　puts (char　*str)；	把 str 指向的字符串输出到标准输出设备，将'\0'转换成回车换行	返回换行符。若失败，返回 EOF	
putw	int　putw (int w，FILE *fp)；	将一个整数 w（即一个字）写到 fp 指向的文件中	返回输出的整数。若出错，返回 EOF	非 ANSI 标准
read	int　read (int fd，char *buf，unsigned count)；	从文件号 fd 所指示的文件中读 count 字节到 buf 指示的缓冲区中	返回真正读入的字节个数。如遇文件结束返回 0，出错返回-1	非 ANSI 标准
rename	int　rename (char *oldname，char　*newname)；	把由 oldname 所指示的文件名，改为由 newname 所指的文件名	成功返回 0，出错返回-1	
rewind	void　rewind (FILE　*fp)；	将 fp 所指文件的当前位置指针置于文件头，并清除文件结束符和错误标志	无	
scanf	int　scanf (char　*format，args，…)；	从标准输入设备按 format 指向的格式字符串所规定的格式，输入数据给 args 所指向的单元	读入并赋给 args 的数据个数。遇文件结束返回 EOF，出错返回 0	args 为指针
write	int　write (int fd，char *buf，unsigned count)；	从 buf 指示的缓冲区输出 count 个字符到 fd 所标志的文件中	返回实际输出的字节数，如出错返回-1	非 ANSI 标准

5．动态存储分配函数

ANSI C 标准建议设 4 个有关的动态存储分配的函数，即 calloc()、malloc()、free()、realloc()。但许多 C 编译系统往往增加了一些其他函数。

ANSI C 标准建议在 "stdlib.h" 头文件中包括有关信息，但许多 C 编译系统要求用 "malloc.h"。

ANSI C 标准要求动态分配系统返回 void 指针。void 指针具有一般性，它们可以指向任何类型的数据。但有的 C 编译系统所提供的这类函数返回 char 指针。无论以上两种情况的哪一种，都需要用强制类型转换方法把 void 或 char 指针转换成所需的类型。

函数名	函数原型	功　能	返回值
calloc	void　*calloc(unsigned　n，unsigned　size)；	分配 n 个数据项的连续内存空间，每个数据项的大小为 size 字节	返回所分配内存单元的起始地址；若不成功，返回 0
free	void　free (void　*p)；	释放 p 所指的内存区	无
malloc	void　*malloc(unsigned size)；	分配 size 字节的存储区	返回所分配的内存区起始地址；若内存不够，返回 0
realloc	void　* realloc (void　*p，unsigned　size)；	将 p 所指的已分配内存区的大小改为 size 字节。size 可以比原来分配的空间大或小	返回指向该内存区的指针

参 考 文 献

[1] 谭浩强. C 程序设计[M]. 2 版. 北京：清华大学出版社，2000.

[2] 谭浩强. C 语言程序设计试题汇编[M]. 北京：清华大学出版社，2000.

[3] 潘志安，张月红，蔡国辉，等. C 语言程序设计基础教程[M]. 2 版. 武汉：华中师范大学出版社，2008.

[4] 唐新国，李远敏. C 语言程序设计实用教程[M]. 北京：中国水利水电出版社，2006.

[5] 李泽中，孙红艳. C 语言程序设计[M]. 北京：清华大学出版社，2008.

[6] 崔武子，付钪，孙力红. C 语言程序设计[M]. 北京：清华大学出版社，2008.